人力资源社会保障部教育培训中心职业技能"标准化规范化"示范培训系列教材
家庭服务类职业技能培训——家政培训师资

家政培训讲师培训教程

全国妇联妇女发展部
人力资源社会保障部教育培训中心   联合推出

全国家政服务标准化技术委员会秘书处   组织编写

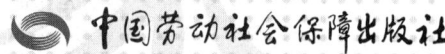

内容提要

本书区别于家政从业人员技能培训系列书籍，家政培训相关课程开发技能和教学技能是本书的重点。

本书介绍了家政培训中从课程与教材的开发到教学设计、教学方法、教学实施、教学评价全过程的理论与方法。学习本书可全面了解家政培训，并能把知识与技能运用到家政行业的培训中。

本书内容丰富、逻辑清晰、语言简洁、理论与实际相结合，具有较强的系统性和可操作性。

本书既可作为各级各类家政培训讲师的培训教材，又可作为全国各地组织的、不同层级的家政培训讲师技能比赛的出题、复习和评判依据，还可供对家政培训感兴趣的人员参考使用。

图书在版编目（CIP）数据

家政培训讲师培训教程/全国家政服务标准化技术委员会秘书处组织编写. -- 北京：中国劳动社会保障出版社，2023

ISBN 978-7-5167-6000-0

Ⅰ.①家… Ⅱ.①全… Ⅲ.①家政服务-技术培训-教材 Ⅳ.①TS976.7

中国国家版本馆 CIP 数据核字（2023）第 176231 号

中国劳动社会保障出版社出版发行

（北京市惠新东街 1 号　邮政编码：100029）

*

北京宏伟双华印刷有限公司印刷装订　　新华书店经销

787 毫米×1092 毫米　16 开本　9 印张　166 千字
2023 年 10 月第 1 版　　2023 年 10 月第 1 次印刷
定价：28.00 元

营销中心电话：400-606-6496
出版社网址：http://www.class.com.cn

版权专有　　侵权必究

如有印装差错，请与本社联系调换：(010) 81211666
我社将与版权执法机关配合，大力打击盗印、销售和使用盗版图书活动，敬请广大读者协助举报，经查实将给予举报者奖励。
举报电话：(010) 64954652

本书编写人员

主　编：卓长立　济南阳光大姐服务有限责任公司
　　　　赵　媛　南京师范大学

编　者（按姓氏笔画排序）：

　　　　王　佩　南京师范大学
　　　　王　珂　南京师范大学
　　　　王莫辞　山东阳光大姐教育发展集团有限公司
　　　　王德强　河北师范大学
　　　　艾雨兵　宁波卫生职业技术学院
　　　　史红改　北京开放大学
　　　　刘　珍　山东阳光大姐教育发展集团有限公司
　　　　刘志玮　聊城大学东昌学院
　　　　孙　莉　陕西省巾帼家政服务协会
　　　　李　凯　山东阳光大姐教育发展集团有限公司
　　　　李春晖　河北师范大学
　　　　李莹月　南京师范大学
　　　　李瑞海　聊城大学东昌学院
　　　　杨　伟　聊城大学东昌学院
　　　　陈　平　济南阳光大姐服务有限责任公司
　　　　金　莉　河北师范大学
　　　　秦瑞芳　人力资源社会保障部教育培训中心

倪王婧　南京师范大学
高玉芝　济南阳光大姐服务有限责任公司
薛书敏　聊城大学东昌学院

党的二十大报告明确指出,中国式现代化是全体人民共同富裕的现代化。随着我国进入全面建设社会主义现代化国家的新发展阶段,三孩政策的推进实施及人口老龄化程度的不断加深,居民对家政服务等改善型消费的需求日益突显,家政服务已成为居民生活中很重要的一部分,也日渐成为新时代满足人民日益增长的美好生活需要的重要载体之一。家政服务业是朝阳产业,也是民生工程。改革开放以来,特别是党的十八大以来,我国家政服务业规模不断扩大,从业人员和企业数量持续增加。但由于长期以来我国家政服务业的发展缺乏学科支撑,目前我国家政服务业仍然存在市场规范程度低、企业规模小、从业人员文化和技能水平低等问题,与社会发展、人民需求尚存在差距。随着家政服务业朝着精细化、专业化、科学化的方向发展,社会对家政服务从业人员的素质和技能也提出了更高要求。

"民之所望,政之所向",党中央、国务院高度重视家政服务业的发展。2019年印发的《国务院办公厅关于促进家政服务业提质扩容的意见》,提出十个方面的重点任务,其中第一条就是"采取综合支持措施,提高家政从业人员素质"。家政培训讲师就是在这样的背景下产生的,他们是针对家政从业人员的职业素养、业务技能进行培训的教师,对于提高家政从业人员的专业技能和综合素质,有着举足轻重的作用。家政培训讲师不仅需要熟知某一种或几种家政服务技能,还要学习和掌握授课技巧,能将所掌握的技能深入浅出地传授给学员。因为培训讲师是教师,是需要向学员传道、授业、解惑的,所以教学的基本技能和方法是家政培训讲师不可或缺的基本功之一。随着家政服务业向着精细化、专业化、科学化深入推进,家政培训讲师也成为衡量家政服务水平的重要标准。

目前,我国家政培训机构数量不多,培训质量也参差不齐,尤其缺乏对家政培训讲师的培训及高质量的家政培训讲师培训教材。2020年10月下旬，全国妇联联合国家发展改革委、商务部、人力资源社会保障部、山东省人民政府共同举办了第二届全国巾帼家政服务职业风采大赛。为充分利用大赛成果，由全国妇联妇女发展部立项，全国家政服务标准化技术委员会秘书处牵头组织专家学者编写，全国妇联妇女发展部和人力资源社会保障部教育培训中心联合推出了这本《家政培训讲师培训教程》，希望为家政培训讲师的培训提供一本标准化、规范化、操作性强的教材，推动家政服务业健康、快速、可持续发展。

第一章　家政培训讲师概述

第一节　家政培训讲师的职业道德 ……………………………………………… 1
第二节　家政培训讲师的职业要求 ……………………………………………… 4
第三节　家政培训讲师的职业礼仪 ……………………………………………… 7
第四节　家政培训讲师的心理健康 ……………………………………………… 9
第五节　家政培训讲师的职业发展 ……………………………………………… 13

第二章　家政培训课程与教材的开发

第一节　课程开发模式 …………………………………………………………… 14
第二节　家政培训课程开发程序 ………………………………………………… 16
第三节　家政培训教材开发 ……………………………………………………… 25

第三章　家政培训教学设计与教案编写

第一节　教学设计的含义、特征及依据 ………………………………………… 27
第二节　教学设计的基本程序和原则 …………………………………………… 29
第三节　教学设计的具体方法 …………………………………………………… 32
第四节　教案编写 ………………………………………………………………… 39

第四章　家政培训教学方法与技巧

第一节　家政培训中常用的教学方法 …………………………………… 43
第二节　引入新课的方法与技巧 ………………………………………… 53
第三节　课堂提问的方法与技巧 ………………………………………… 59
第四节　互动控场的方法与技巧 ………………………………………… 64
第五节　课程总结的方法与技巧 ………………………………………… 71

第五章　家政培训教学实施

第一节　培训课程的实施程序与培训讲师的关键任务 ………………… 78
第二节　培训课程相关内容的准备 ……………………………………… 83
第三节　教学方法选择的依据 …………………………………………… 88
第四节　自我介绍的目的、内容及方法 ………………………………… 90
第五节　教学中的语言与"非语言"魅力 ……………………………… 99
第六节　多媒体课件的制作与应用 ……………………………………… 101
第七节　微课的制作与应用 ……………………………………………… 108
第八节　网络直播培训教学 ……………………………………………… 115

第六章　家政培训教学评价

第一节　教学评价的发展、功能、原则 ………………………………… 121
第二节　教学评价的步骤与方法 ………………………………………… 125
第三节　培训讲师教学评价的内容与方式 ……………………………… 128
第四节　学员学业评价的目的、内容、方式及经典模型 ……………… 131

第一章 家政培训讲师概述

第一节 家政培训讲师的职业道德

家政培训讲师是对家政从业人员实施教育影响的专业人员，是家政从业人员在专业成长道路上的领路人，所以也可以说家政培训讲师是家政行业的教师。家政培训讲师的使命是提高我国家政从业人员的整体素质，打造符合新时代中国社会需求的家政服务队伍。而只有家政培训讲师自身具备了良好的职业道德素养，才能更好地教育、引导家政从业人员快速成长起来，进而完成家政培训讲师的神圣使命。

下面我们从职业道德原则与规范两个方面，认知家政培训讲师应具备的职业道德。

一、家政培训讲师的职业道德原则

家政培训讲师职业道德原则是讲师道德体系的核心，可作为讲师在教育活动中一切道德行为的根本指导，对家政培训讲师职业道德规范有着引领作用，也是衡量和判断讲师行为正确与否的最高道德标准。家政培训讲师应遵循以下三项职业道德原则。

1. 献身教育、教书育人

献身教育指的是热爱教育，忠诚党的教育事业，树立崇高的职业理想，愿为教育事业奉献自己的全部智慧和力量。这是祖国和人民对教师的根本要求，也是每位家政培训讲师追求人生目标、实现人生价值的根本途径。

教书育人要求家政培训讲师在培训工作中，将传授知识、技能与帮助家政从业人员树立正确的人生观、价值观融为一体，在指导家政从业人员掌握现代家政科学知识与技能的同时，教育他们成为品德高尚、意志坚强、热爱家政事业的专业人才。

献身教育是家政培训讲师职业道德的精髓,教书育人是家政培训讲师的根本责任和义务。

2. 以身作则、为人师表

我国著名教育家叶圣陶先生曾指出:"教育工作者的全部工作就是为人师表。"而为人师表的前提就是以身作则。

以身作则、为人师表是党和国家对教育工作者的基本要求,也是家政培训讲师这一职业的劳动特点。家政培训讲师要做到这一点,就要在工作中坚持对自我的高标准要求,坚持身教重于言教、言行一致、表里如一。家政培训讲师只有以身作则,才能在家政从业人员心中树立威信,而具有较高威信是讲师成功开展教育工作的必要条件之一。

3. 依法从教、兼顾公平

依法从教是指在教学过程中全面贯彻国家教育方针,自觉遵守教育法律法规。家政培训讲师要熟悉《中华人民共和国教育法》《中华人民共和国职业教育法》等国家法律,在工作和生活中都要做遵守法律的模范,为参与家政培训的学员做好表率。

兼顾公平是指家政培训讲师在教育过程中要平等对待每一位学员,致力于教育公平。在教育过程中,无论学员资质如何、年龄如何,都要关心他们并注意维护其尊严,一定要让学员感受到来自老师的温暖。家政培训讲师要营造一种公平、温馨的教育氛围,让学员乐于学习。

二、家政培训讲师的职业道德规范

1. 关爱学员

家政培训讲师的教育对象是一线家政从业人员,以女性居多,且年龄大、学历低、普遍缺乏自信。家政培训讲师在传授知识与技能的同时,要给予学员更多教育上的关爱和生活上的指导。人力资源社会保障部对家政从业人员的上岗有专门规定,并且制定了严格的等级考核制度,要求家政从业人员必须知识与技能并重,明确家政从业人员要想做好服务工作,需要过好心态、品质、挫折、吃苦和综合素质这"五关"。讲师与学员的关系是基本的人际关系,在这个关系中讲师起主导作用,所以培训讲师应潜移默化地影响学员。家政培训讲师不仅要引导学员有正确的人生观和价值观,还要赢得学员的尊重,同时也要尊重学员,这样学员才会跟着讲师的思路走,培训也才能起到应有的效果。家政培训讲师要推崇民主教学观念，并根据学员实际状况做好思想政治和心理疏导工作，引领家政从业人员树立正确的职业价值观念，并培养其道德自律的品质。

2. 爱岗敬业

家政从业人员的素质高低决定着家政服务的质量优劣和家政服务业能否可持续发展，而家政培训讲师对家政从业人员的教育培养又起着举足轻重的作用，因此家政培训职业是神圣的、至关重要的。家政培训讲师要做到忠于自己的职业，在岗位上发挥自己的光与热，爱岗敬业、奉献社会，努力为国家和社会培养出更多更好的家政人才。

爱岗敬业是对培训讲师的最根本要求。爱岗敬业就是热爱本职工作、严守工作岗位，用认真负责的精神和严肃的态度，全身心投入家政培训工作中。要做到爱岗敬业，一定要做到以下三点：一是要深刻理解家政培训的作用，以此建立热爱培训事业的基础；二是要在培训讲师岗位上尽职尽责，以实际行动促进行业人才队伍的培养；三是要不断增强事业心和责任感，以培训助人为己任，克服困难，履行职责，自觉做好培训工作。

3. 钻研业务

不断学习、刻苦钻研是培训讲师教学工作的基本要求。培训讲师要想给学员"一杯水"，自己必须先有"一桶水"，这就要求培训讲师不仅要有广博的知识、广泛的兴趣，还要有深厚的专业功底和独特的教学艺术。培训讲师不仅需要自己已有"一桶水"，而且需要持续地加入"新鲜的水"，这样才能在教学中及时展示所教专业的前沿研究成果，不断开阔学员的视野。培训讲师要不断提升个人教育教学素养，学习古今中外教育家的主要思想，学习教育学、心理学等相关知识。

随着家政服务模式的变化，家政培训任务也在不断变化，培训方式在不断创新，培训对象的层次在不断提高。培训讲师只有勤于钻研、精益求精，才能应对不断发展变化的培训需求。首先，培训讲师要树立终身学习的观念，勤奋地学习新知识、新技术和新工艺，在完善知识体系上精益求精。其次，培训讲师要具备良好的职业素养，刻苦钻研培训方法、课堂技巧、沟通方式，在改进传授能力上日渐精进。最后，要勤于思考，勤于实践，理论联系实际，主动走近一线从业人员，积极参与实践锻炼。

4. 团结协作

现代教育是一种全新的开放式和立体式教育，也是一项团结与分工协作的系统工程。团结协作是实现教育目标的必要条件，也是培训讲师处理好与集体、同事及其他方面的关系,并做好教育工作的重要保证,因此团结协作是家政培训讲师应当具备的职业素养。作为一名培训讲师,要深刻理解团结协作的意义,搞好团结协作。首先,要尊重别人。对别的讲师,不论是对权威讲师还是一般讲师,都要平等相待,不可因人而异、厚此薄彼。唯我独尊、盛气凌人的态度更是不可取的。其次,要尊重别人的意见。讲师在合作中难免有不同的观点,这就需要发扬民主作风,摒弃门户之见,虚心听取其他培训讲师的意见,善于学习别人的长处,勇于改正自己的错误。最后,要尊重别人的劳动。劳动是辛苦的,要付出心血和汗水,因此任何人的劳动都应受到尊重。最后,要懂得分享。培训讲师不能垄断资料或者封锁信息,应主动为别人创造条件,与同事同心协力,一起搞好教学。

第二节　家政培训讲师的职业要求

古语云:"师者,所以传道受业解惑也。"家政培训讲师要不断提升个人知识和技能水平,以科学合理的专业知识与专业技术从事家政培训工作。

一、家政培训讲师的知识要求

1. 要努力形成现代教育理念

教育理念是讲师在深入理解教育工作本质基础上所形成的关于教育方法的基本观念。现代教育理念则是给教育理念赋予了时代性。有无现代教育理念,是专业培训讲师与非专业一般人员的重要区别。一位有着现代教育理念的专业培训讲师,往往对自己的工作有着明晰和正确的教育认知,能自觉地、有责任感地、创造性地进行工作。所以家政培训讲师应积极投身我国家政产业发展,把握家政教育事业发展的基本规律,努力形成现代教育理念。

2. 要具备较高的专业知识素养

家政培训讲师除了要了解家政服务业相关知识(包括国家政策法规、国内外行业发展趋势等),还要至少掌握一门学科专业知识(包括本学科发展的历史与趋势、基本理论知识等),以便充分发挥学科知识的教育作用。讲师的专业知识具有开放性和实践性,它随着社会、科学与教育理论的发展,个人实践经验的积累,以及对教育理解、体验的变化而发展变化。

3. 要具备一定的教育理论知识

教育理论知识是指认识教育对象、开展教育活动和进行教学研究所需的学科知识，如教育学、心理学、教学论、学习论、班级管理、现代教育技术等。讲师对这些知识的把握不能仅停留在书本上，而是要学会综合运用。教育是充满智慧的、讲究创造性的工作，而非按照既定程序操作的简单机械劳动。家政培训讲师可在综合运用教育理论知识的基础上，逐渐形成个人的专业教育智慧，在教育教学的具体情境中，感受和处理随时出现的新情况、新问题。

二、家政培训讲师的技能要求

1. 具有较高的家政专业技能

专业技能一般指从事某一职业的专业能力。家政培训讲师作为学员的"师傅"，要有带领"徒弟"到现场进行技能操作的能力。作为家政培训讲师，一定要及时了解行业内服务的新需求，不断充电学习，提升个人实践能力和操作水平。目前家政服务业培训内容可划分为以下几个类别。

（1）保健家政。保健家政包括老人或者孩子的日常保健与护理、病人看护、慢性病的预防与保健、营养搭配与营养餐的制作等。

（2）教育家政。教育家政包括婴幼儿游戏与指导、儿童作业指导、儿童陪伴式教育、幼儿心理教育、幼儿艺术教育等。

（3）家务家政。家务家政包括烹调、杂物处理、居室保洁、居家收纳、文件整理、计算机应用、家庭理财、家庭关系的处理等。

（4）休闲家政。休闲家政包括栽培、茶艺、插花、美容化妆、居室装潢等。家政培训讲师要在一个以上的专业领域具有较高的理论造诣和较强的实践能力，只有如此，才能完成对家政从业人员专业知识、技能实操的传授和指导，并促进他们服务水平的提高。

2. 具有较高的常规教学技能

教学技能是家政培训讲师必备的教育教学技巧，是教学能力的重要标志。每一位培训讲师要想形成自己的教学风格或达到艺术化教学的水平，就必须在熟练掌握教学技能的基础上，不断探索与创新。讲师的教学技能包括教学设计、课堂教学、课后辅导、教学评价、教学研究等方面。家政培训讲师要能制订学期课程授课计划，并能根据学期授课计划制订详细的单元授课计划和教学进度计划。家政培训讲师还要具备撰写教学方案的能力。撰写教学方案前应全面了解教材的知识结构和体系，熟练掌握教材内容，正确把握教材重难点，能根据教学内容和教学对象制定恰当的教学策略。组织课堂教学的过程中，要能把握教学节奏，有效控制课堂；要能吸引学员的注意力，使课堂更加高效。课后还要能优化教学方法。

3. 具有一定的信息化教学技能

随着信息技术的快速发展，无论传授知识的手段，还是接受知识的途径都发生了很大的改变。讲师教学、师生交流、学员接受知识或者提交学习成果、成绩考核都可以通过信息化平台来实现。培训讲师是教学过程中的引导者，须熟练掌握现代化的多媒体信息技术并学会运用相关网络资源。教学过程中应充分利用计算机、网络等，力求获得更好的课堂效果。要能通过信息化平台开展线上教学，实现线上教学与线下教学的结合，将传统的教学方法与信息化教学方法有机结合，不断创新教学方法。

三、家政培训讲师的能力要求

1. 组织管理能力

家政培训讲师在教学过程中不仅要担负传授专业知识和技能的责任，还要具有较高的组织管理能力，并凭借这种管理能力去营造一种和谐、民主、进取的集体环境，促进家政从业人员的身心全面发展。家政培训讲师要将正确的政治思想与价值观，通过言传身教传递给学员，解除他们生活与学习中的各种困惑。家政培训讲师应给予学员更多自主选择的机会，并使学员意识到自身的责任，使之积极参与民主管理、自觉接受领导、注重自我管理，不可"放任自流"，亦不可"强迫命令"。家政服务属于高接触性服务，需要从业人员具有较好的心理素质和较高的情商。家政培训讲师在实施教学的过程中，要善于做学员们的"心理健康顾问"，所以讲师要掌握基本的心理健康常识，以便在日常工作中对学员进行心理健康教育。

家政培训讲师要有较强的亲和力，要善于与人打交道，善于亲近学员（可以与学员"打成一片"），还要善于发挥学员群体对个体的教育作用，使每位学员在群体生活中既能施展才能，又能得到意志力与群体生活能力等方面的锻炼。

2. 语言表达能力

普通话是家政培训讲师的职业语言，讲师们应掌握口语交际技能，说话要清晰、流畅、得体,动作要自然、大方,能够根据不同教育教学情境的需要调控声音的高、低、强、弱,掌握语气、语调、停顿、重音、节奏等方面的口语表达技巧,使自己的语言整体做到科学、严谨、简明、生动,具有启发性和感染力。

家政培训讲师还应具有较好的语言沟通能力。要做到与学员之间沟通顺畅,需要注意下面几点。

(1) 换位思考,理解并接纳学员。讲师应善于换位思考,要站在学员的立场去理解其想法和了解其内心世界。

(2) 真诚交流,赢得学员的信任。要想让学员信任自己,讲师必须真诚地与学员进行交流,表达对学员的关爱、尊重、信任和理解,让学员感到温暖。

(3) 营造缓和、宽松的谈话氛围,注意聆听。培训讲师应面带笑容、态度和蔼,用和缓、幽默、轻松的语言与学员进行沟通。

3. 基础公文写作能力

公文写作能力是家政培训讲师工作中常常用到的能力之一,家政培训讲师应具备基础公文写作能力。要想提升写作能力,日常积累必不可少,家政培训讲师应养成随时记录、随时写作的好习惯。

写好公文也有一些注意事项。公文内容要真实、简单、清晰,公文中要明确说明人物、地点、时间、数字等要素,文末所注的时间要精确到天。最重要的是,要确保与国家相关政策法规和公司相关规定相一致。

第三节 家政培训讲师的职业礼仪

家政培训讲师虽然不属于公众人物,但也常常要处于广大学员的注视之下,因此必须善于塑造并维护自身的良好形象。荀子曰:"礼者,人道之极也。"《礼记》云:"道德仁义,非礼不成"。我国著名教育家陶行知先生提出:"学高为师,身正为范。"苏联杰出教育家马卡连柯认为,从口袋里掏出揉皱的脏手帕的教师,已经失去当教师的资格了。可见,古今中外的学者一致认为维护自身的良好形象是极其重要的。家政培训讲师内在的良好道德情操、文化修养通过一定的外在形式表现出来,才能在教育教学中发挥应有的作用。

一、着装

家政培训讲师的着装要正式、美丽、高雅、大方,不可刻板、妖艳、寒碜、怪异。

具体讲，男士可以穿西装、皮带、皮包、皮鞋最好都是黑色，这也被称为"三一定律"。女士可以穿套装、连衣裙、有职业感的毛衫等。常说的"三忌"包括忌短、忌露、忌透。上课之前讲师最好提前到教室，让学员对讲师的形象有一定的了解和适应，这样正式开始上课后就不会再关注这些与教学无关的事宜。

二、仪表

仪表指的是人的外表，包括容貌、姿态、风度等。温和的眼神和微笑都能帮助培训讲师塑造良好的仪表。教学中，学员往往希望看到讲师慈爱、鼓励和期待的目光，从一定程度上说这也是对培训讲师美好仪表的期待。良好的仪表能迅速缩小彼此间的距离，营造良好的沟通氛围，所以说仪表是重要的教学"工具"，也是维护讲师与学员关系的"润滑剂"。

三、行为举止

外形与肢体语言最能体现讲师的个人修养与仪表风范，也就是说行为举止对培训讲师而言非常重要。怎样的行为举止才算恰当呢？具体要做到：坐如钟、站如松、行如风，头容正、肩容平、胸容宽、背容直。

家政培训讲师应使用礼貌、高雅的手势动作待人接物和开展教学工作。家政培训讲师的手势要幅度适当、自然亲切、适时适量、简洁准确。在指人示物或请学员到前边回答问题时，最好采用整只手掌掌心向上的手势；在板书时注意与黑板保持17厘米左右的距离；在授课时，手势既不能过于僵直，也不能不停地挥动手臂；在背对着学员时，不宜叫学员的名字并让他回答问题。

四、人际距离

人际距离是无声的语言，传递着某种信息和情感。保持恰当的人际距离，是对他人的尊重，是一种礼貌行为。培训讲师站在讲台上，与学员的距离大都在一米开外，虽显得庄重，但也容易拉开师生间的心理距离，易分散学员的注意力。如果培训讲师能在适当的时候走下讲台，走到学员中去指导、帮助或征询意见，就能缩短彼此间的心理距离，使培训效果更加显著。但又不能距离过近，人际交往的最小间隔是半米。

第四节　家政培训讲师的心理健康

家政培训讲师的心理健康状况对其职业具有直接影响。培训讲师要有健全的人格和健康的心理，这比专业知识和教学方法更重要。家政培训讲师的心理健康状况直接影响教学质量。

一、心理健康的含义、等级与标准

1. 心理健康的含义、等级

世界卫生组织指出，健康应包括生理健康、心理健康、社会适应和道德健康等。心理健康是一种良好的、持续的心理状态与过程。心理健康的个体具有生命的活力、积极的内心体验、良好的社会适应能力，能够有效地发挥个人的身心潜力及作为社会一员的积极的社会功能。

心理健康至少包括两层含义：一是无心理疾病，二是保持一种积极发展的心理状态。根据国内外的研究与实践，人的心理健康水平大致可以划分为三个等级。

（1）一般常态心理。一般情况下都愉悦满意，适应能力强，善于与他人相处，能较好地完成同龄人能做的活动（与同龄人发展水平一致），具有承受挫折、调节情绪的能力。

（2）轻度失调心理。不具有同龄人所应有的愉悦满意心境，与他人相处略感困难，独立应对生活、工作有些吃力。若能主动调节或请专业人士帮助，可以恢复常态。

（3）严重病态心理。明显适应失调，长期处于焦虑、痛苦等消极情绪中难以自拔，严重影响正常的生活和工作。如不及时矫治，继续发展下去会成为精神病患者。

2. 心理健康的标准

心理健康的标准是一种理想标尺，它不仅可以帮助衡量心理是否健康，而且指明了提高心理健康水平的方法。每个人在自己现有基础上努力，都可以追求心理发展的更高层次，进而不断发挥自身潜能。

（1）能积极悦纳自我。悦纳自我的表现是能真正了解自己、正确评价自己、乐于接受并喜欢自己。

（2）有良好的教育认知水平。能面对现实并积极地适应环境与教育工作的要求。

（3）爱职业、爱学员。能在爱的教育中自我安慰，从有成效的教育教学中获得成就感。

（4）具有稳定而积极的教育心境。培训讲师的教育心境是否稳定、乐观、积极，将影响到培训讲师的心理状态及行为，也关系到教育教学效果。

（5）能控制各种情绪与情感。繁重而艰巨的教育工作要求培训讲师有良好的、坚强的意志品质，在教学工作中有明确的目的性，处理问题时有决策的果断性和坚持性，面对矛盾时沉着冷静、有自制力，并且还要有给予爱和接受爱的能力。

（6）和谐的教育人际关系。培训讲师要有健全的人格，在交往中能与他人和谐相处，积极态度（如尊重、真诚、羡慕、信任、赞美等）要多于消极态度（如畏惧、多疑、嫉妒、憎恶等）。

（7）能适应和改造教育环境。培训讲师要能适应当前不断发展的、变化的教育环境，为积极改造不良教育环境、提高教学质量献计献策。

（8）具有教育独创性。培训讲师在教学活动中要不断学习，不断进步，不断创新。

二、家政培训讲师常见的心理问题

1. 职业压力

家政培训讲师的职业压力包括各种类型。伍尔若和梅将教师职业压力按性质的不同分为五类。

（1）中心压力。中心压力指较小的压力及日常的麻烦。

（2）外围的压力。外围的压力指教师经历的重大生活事件或压力情节。

（3）预期性压力。预期性压力指教师预先考虑到的令人不愉快的事件。

（4）情境压力。情境即教师现在的心境，情境压力即现在的压力。

（5）回顾压力。回顾压力指教师对自己过去的压力事件及相关经历进行的评价。

2. 职业倦怠

（1）职业倦怠的概念。职业倦怠是由美国临床心理学家费登伯格于1974年首次提出的，他认为职业倦怠是由工作强度过高并且无视自己的个人需要引起的疲惫不堪的状态。

职业倦怠是个体在长期的职业压力下，缺乏应对资源和应对能力而产生的身心耗竭状态，会带来生理、情绪、认知和行为等方面的问题。

（2）职业倦怠的特征。玛勒斯等人认为职业倦怠主要表现为三个方面。

1）情绪耗竭。个体处于极度的疲劳状态，工作热情完全丧失。

2）去人性化。刻意在自身和工作间保持距离，对工作对象和工作环境采取冷漠和忽视的态度。

3）个人成就感低。表现：消极地评价自己，贬低工作的意义和价值。

（3）家政培训讲师职业倦怠的成因

1）社会因素。社会因素主要指职业声望压力。

2）职业因素。培训讲师担当的角色所产生的角色职责压力、角色冲突压力，以及培训效果压力等。

3）工作环境。培训讲师与学员、领导、同事等之间的人际关系压力。

4）个人因素。培训讲师个人的认知方式和应对紧张的策略与心理压力密切相关。

三、家政培训讲师心理健康的维护与促进

家政培训讲师心理健康的维护与促进是一个系统工程，需要全社会的大力支持和全体培训讲师的不懈努力，通常包括三个维度。一是个体的自我干预。个体自我干预的目的是通过改变自身的某些特点来增强适应工作环境的能力。二是组织的有效干预。组织干预的思路是通过削减过度的工作时间、降低工作负荷、明确工作任务、积极沟通与反馈等来缓解和防止职业倦怠。三是构建社会支持网络。培训机构应提倡过程性评价，为家政培训讲师建立有效的社会认同支持系统，正确认识培训讲师的教育教学成果。

针对家政培训讲师的心理健康维护，可以从以下几个方面进行。

1. 加强角色学习，树立正确的角色认知

随着社会的发展，家政培训讲师的角色任务也要根据时代特征与教育对象的特点做必要的调整。培训讲师本人应有正确的角色认知，以预防角色焦虑。角色学习是预防焦虑的途径之一。家政培训讲师适应职业生涯一定要学会扮演好自己的角色。当家政培训讲师开始觉得他所扮演的角色有效且合适时，许多问题都会迎刃而解。焦虑之所以会产生，大多是因为他们不能预料将发生的事，更不知道如何处理。通过职业角色学习，可以减轻或消除教学情境的不确定因素和难预测性，这样也就帮助家政培训讲师降低或消除培训教学中可能会产生的焦虑。

2. 树立正确的教育培训观念

认知活动是人的一切心理活动和外在行为的基础。家政培训讲师不合理的认知，不仅影响自身心理健康，而且可能导致教育培训出现行为上的偏差，进而影响学员的心理健康。影响家政培训讲师心理健康的不合理认知有：对培训职业和人才的错误看法，不把学员看成是独立自主的发展个体等。这些是家政培训讲师产生不良心态的原因，必须重视并予以改正。

3. 培养坚强的意志、良好的品格和乐观的心态

家政培训讲师坚强的意志、良好的品格不是与生俱来的，而是在克服工作、生活的困难中逐渐形成的。坚强的意志、良好的品格能促使讲师在各种困难和挫折面前保持乐观开朗且平静的心态，拥有积极稳定的情绪，烦不躁、忙不乱、胜不狂、败不馁，冷静地解决一切不愉快的问题。乐观的心理状态是促进家政培训讲师身心健康的一剂良药。家政培训讲师应笑对困难，有一种"不管风吹浪打，胜似闲庭信步"的精神风貌，永远以乐观、健康的心态面对人生。

4. 学会情绪控制，合理宣泄与放松

家政培训讲师在学员面前应控制自己的消极情绪，不把挫折感带进教室，更不能把情绪发泄在学员身上。想要控制情绪可以从两个方面入手：一方面从认识上分析产生不良情绪的原因，看自己的反应是否合理、适度；另一方面控制可能发生的冲动行为，采用合理的手段适当疏导情绪。例如，时刻提醒自己在情绪激动时不要批评学员，要等能心平气和地冷静处理问题时再批评，防止言行过激。如果不良情绪积蓄过多，又得不到适当的宣泄，则容易造成身心紧张，这种紧张持续时间过长或强度过高，就可能造成身心疾病。因此，家政培训讲师应选择合适的时间、合理的方法宣泄自己的情绪。情绪的宣泄方法有很多，如在适当的环境下放声大哭或大笑，向亲近和信任的朋友、亲人倾吐衷肠，纵情高歌，给自己写信或写日记，适量地进行体力劳动，逛街买点自己喜欢的东西，旅游，等等。

5. 锻炼身体，养成良好的生理健康习惯

人的身体健康与否与情绪好坏有着密切关系，所以培训讲师应注意锻炼身体。不过，在体育锻炼时要注意控制运动量。如果运动量过大则容易适得其反，因为疲劳又会影响正常的工作和学习。

要保持心理健康，还必须养成良好的生理健康习惯，具体方法为：劳逸结合，加

强脑的营养，加强身体锻炼。

第五节　家政培训讲师的职业发展

家政服务业提质扩容的根本在于提升家政从业人员的职业素养，而家政从业人员职业素养的提升要靠职业培训。加强职业培训是把中国家政服务业做大、做强、做专的一项基本建设，是一项利国、利民的基础工程。打造一支讲师数量充足、结构合理、理论造诣精深、实践经验丰富的培训讲师队伍是做好家政培训工作的基本要求，也是提升家政服务质量的根本所在，需要国家、培训机构和家政培训讲师的共同努力。下面我们从个人角度来说一说家政培训讲师应怎么做才能促进自身职业发展。

一、积极考取教师资格证

如果您已经在从事家政培训工作或计划从事家政培训工作，应积极考取教师资格证。教师资格证是教师职业许可证书，凡在教育行政部门依法批准举办的各级各类学校和其他教育机构从事教育教学工作的教师，均需具有依法取得的相应教师资格证。

二、树立终身学习的理念

家政培训讲师应不断学习、不断接受教育。培训讲师的在职提高过程，实际上就是教师的终身学习过程。家政培训讲师每年要定期到家政一线进行实践学习和开展调研工作，这样可有效提升实践能力和操作水平。

三、不断开展教学反思

家政培训讲师要把自己放在研究者、反思者的位置，通过对教育教学工作中出现的疑难问题的观察、分析、反思与解决，提升自己的专业理论水平和专业实践能力。教学反思的内容，不仅包括家政从业人员的行为，也包括自己的教育行为、教育理念，乃至专业发展。通过教学反思可以对未来的专业发展进行规划。在教学反思过程中可以写下观察日志、反思、教育轶事、案例研究等。

第二章 家政培训课程与教材的开发

第一节 课程开发模式

有关课程开发的定义表述不一,各有侧重。一般认为,课程开发是指为了实现特定的教学目标而选择某一个学科或多个学科的教学内容,并对教学方式和进程进行规定的工作过程。此表述启示我们,课程开发不是一个尘埃落定的状态,而是一个综合推进的过程,不是简单的、按部就班的采花酿蜜的过程,而是体现着科学的认识论、方法论的过程。

20世纪以来,课程开发主要形成了以学校为代表的学院式课程开发和以企业为代表的实战式课程开发两大体系。学院式课程开发的逻辑是:确定教学目标,根据教学目标从现有的学科领域中选择相关课程,并将其按照教学目标的内在逻辑加以组织,认为学生有了知识就能适应社会。实战式课程开发的逻辑是:从社会需求出发,直接从相关课程中提取所需内容并传输给学生,不重视知识的系统性,认为社会当下正需要的知识和能力才是最重要的。在这两种体系的影响下,形成了一些富有成效且影响力较为广泛的开发模式。

一、目标模式

目标模式是由美国极负盛名的课程理论学者泰勒在其1949年出版的《课程与教学的基本原理》一书中提出的。泰勒认为,任何课程开发都必须回答以下四个问题。

1. 应实现哪些教学目标?
2. 提供哪些课程内容才能实现这些目标?
3. 怎样才能有效组织课程内容?

4. 如何确定教学目标已得到实现？

泰勒把笼统的目标分解为具体的目标，并根据这些具体目标来选择课程内容，最后根据目标实现与否来评价课程，之后的课程开发模式也都无法绕过上面所述的四个问题。在泰勒看来，目标是课程开发的灯塔，为教学指明了方向，他倾向于将学生看作被塑造的对象，因而目标控制着课程所涉及的各个方面，如课程内容、教育过程等。目标模式的一般流程，如图2-1所示。

确定教学目标 → 选择课程内容 → 组织课程内容 → 课程评价

图2-1 目标模式的一般流程

该模式也存在着两大突出问题。首先，学生是自我构建、自我创造的主动体，目标模式约束了学生的自我发展需求。其次，有些目标是可量化、可测量的，有些目标，如态度、情感等，就很难测量，而这些毋庸置疑也都是教育的目标。

二、过程模式

英国课程理论学者斯坦豪斯在1975年出版的《课程研究与开发导论》一书中提出了过程模式。斯坦豪斯认为，学生的学习应该是一个主动参与和探究的过程，而不应该是一个被动的接受过程，教学目标体现在知识的理解及智力的发展上。过程模式并非不设定目标，只是把目标定得比较灵活宽泛，且并不以此目标作为最后的评价依据。强调课程开发要适应复杂多变的教学过程，因为教学过程中可能出现各种学习状况。

过程模式与职业教育的契合度比较高，但也存在弊端：这种针对实践领域的教学，容易导致知识和技能的碎片化，相对独立的培训内容容易割裂学生对职业的完整理解。

三、情境模式

情境模式的理论基础是英国著名课程理论学者劳顿提出的文化分析理论。劳顿认为，课程的开发应按照不同学校的具体情况，在对学校情境及师生进行全面分析与评估的基础上开发课程。该模式的一般流程是由斯基尔贝克提出的，如图2-2所示。

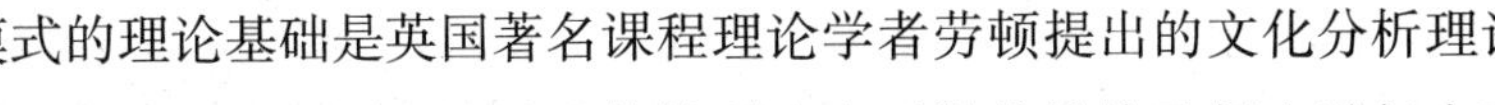

情境分析 → 目标表述 → 制定教学方案 → 实施 → 反馈、评价和改进

图2-2 情境模式的一般流程

课程开发模式的通用权威版本至今尚无，未来也不会有，家政培训讲师需要立足

于家政培训行业和企业，同时借鉴各种课程开发模型，努力实现需求和供给、理论和实践的平衡。合适的才是最好的。

第二节　家政培训课程开发程序

优质的课程开发不是简单地照搬照抄，而是在科学的思维方法指导下的教学创新。培训课程开发思路一般包含以下几个步骤：选定培训方向→调研培训需求→确定培训目标→设计培训课程→实施培训课程→课程评估与修订。

一、选定培训方向

唐代名医孙思邈提出："古人善为医者，上医医未病之病，中医医欲病之病，下医医已病之病。"意思是说上等医生善于预防疾病的发生，中等医生会发现并医治有苗头的病，下等医生会诊断已然形成的疾病。培训讲师就如同家政服务企业的医生，所以"无病时"应未雨绸缪，防患于未然；"有病时"应对症下药，确保药到病除。培训讲师在这一思想的引导下，可粗略统计企业内部的培训需求如下。

1. 政府颁布的相关政策、法律法规，促使企业产生不可回避的培训需求。
2. 社会经济环境、文化环境的变化，或者企业自身经营状况的改变，倒逼企业产生培训需求。
3. 新设备、新技术、新知识、新理念、新需求的出现，催生企业新的培训需求。
4. 维护企业形象，消除潜在危机，提升企业核心竞争力，离不开企业持续化、常态化的培训。
5. 针对突发负面事件、多发操作事故、顾客投诉等敏感环节的应激性培训需求。
6. 针对新员工的入职培训、上岗达标培训，针对老员工的知识更新、岗位级别提升培训。

培训部门要适时与企业相关部门负责人协商，考量一些问题是否可以通过培训的方式避免产生或得以解决，如果可以，接下来应该思考把企业什么级别、具备哪些知识能力的人员划定为参培人员，如此再进入课程开发的下一个环节。

需要注意的是，目前家政企业更注重一线员工的整体素质和专业能力的提升，但随着家政服务在国计民生中的地位愈加突出，各级政府对家政领域愈加关注，以及家政市场的快速壮大，家政企业管理者的相关能力提升也要给予充分重视，因为家政行业的兴衰与家政企业管理者能力的高低密不可分。必须加强对中、高管理层在政策法规的解读能力、市场环境变化的感知反应能力、业务的执行创新能力、人际沟通协调能力等方面的培训。

二、调研培训需求

调查研究简称调研，分为调查和研究两大步骤。调查通俗地说就是收集意见，采用科学的方法策略，深入实际，充分把握客观实情。研究就是对获取的意见进行辨别分析、去粗取精、去伪存真、由表及里，找出企业面临的关键问题，并据此谋划出正确的解决方法。习近平总书记在很多场合多次指出，"调查研究是谋事之基、成事之道""调查研究是我们党的传家宝，是做好各项工作的基本功"，所以如何调研、如何提高调研能力成为解决实际问题的必备能力。

1. 调查

调查是企业获得良好的培训效果、提高培训成果转化率的先导和基础。如果把选定培训方向视同看病选择挂号科室，调查就是医生对病人的"望闻问切"，遵循合理的诊查步骤，选择合适的诊查工具，采用正确的诊查方法，对病人进行全面细致的检查，才可能找出症结，进而做到对症下药。

（1）选择调查内容。知己知彼方能百战不殆，调查要全方位、多维度展开。

1）社会环境调查。社会环境调查主要包括三个方面。

①政法环境。如政策法令、方针路线的推陈出新，法律法规的执行监管力度，地区的法制水平等。

②经济环境。如地区经济水平、经济结构、消费水平、消费习惯等。

③文化环境。如民众的价值观念、宗教信仰、道德规范、民风民俗、教育水平等。

2）需求市场调查。需求市场调查的意义：一方面是迎合市场，根据消费市场的需要提供适销对路的产品和服务；另一方面是引导消费，把企业新研发的产品和服务推销给消费者。为此，需要对包括现实消费者和潜在消费者在内的需求市场进行以下几方面的调查。

①现实消费者基本信息，包括性别、年龄、职业、收入水平、文化程度、宗教信仰及家庭情况等。

②现实消费者购买企业产品和服务的具体情况，如购买时间、购买途径、购买内容、购买价格、购买频率、满意度、未来对企业品牌的忠诚度等。

③现实消费者对企业在规模、名气、经营理念、办事效率、服务态度、业务水平、

服务品类等方面的意见等。

④潜在消费者基本信息，如地区人口规模、城乡分布状况、人口结构（性别、年龄、职业、教育程度、收入水平、宗教信仰等）、家庭结构（人口数、成员构成等）、消费水平等。

⑤潜在消费者对本企业产品的知晓程度、潜在意愿、预计购买时间、服务需求意向、预计购买数量和预计购买价格等。

⑥潜在消费者寻找家政公司的渠道及其选择标准、选择家政服务人员的标准、影响购买决心的因素、倾向的家政服务项目等。

3）竞争状况调查。旧观念中，同行是冤家，竞争意味着你死我活。社会主义市场下的竞争则是在相互比较中更准确地进行自我定位，创造出一个"人无我有，人有我优，人优我独"的共生环境。应进行以下几方面的调查。

①地区同类企业的数量、规模、实力、特长，提供服务的种类、数量、质量、价格，使用的销售手段和策略，市场占有率，知名度和美誉度等。

②主要竞争对手的情况，如经营的优势和劣势、人员的优点和缺点、产品服务畅销的原因等。

③行业协作情况，行业发展变化趋势，行业新技术、新产品的生命周期，研发走向等。

4）企业员工调查

①企业员工的个人信息，包括年龄、性别、个性特点、家庭背景、生活状况、文化程度、专业知识结构、专业技能水平、未来职业规划，甚至个人的学习能力、社交能力、沟通能力、职业热情和心理健康状况等，都应尽可能详尽掌握。

②员工对企业定位的理解和认同程度、对企业近来处境和未来愿景的了解程度、对企业的信任程度、对企业决策的满意程度等。

③员工对工作岗位的情感态度、对工作环境的期待、对个人技能的要求、对未来发展的考虑等。

综上可见，调查并非易事，企业需要对影响其经营的各种现状和未来趋势有高度敏感性，才能见微知著，找出影响企业发展的障碍；才能结合企业愿景，寻找到充满希望和光明的康庄大道。

（2）选择调查方法。调查方法就是调查者从调查对象处获取原始资料的方法，常用的调查方法如下。

1）问卷法。问卷法是调查者通过由一系列问题构成的调查表收集资料的方法，是使用最普遍也颇为有效的信息收集方法。该方法的优点非常明显。首先，问卷发放不受时间、地域限制，通过网络便可开展大规模的调查，成本低，效率高。其次，问卷通常采用匿名方式,利于收集到真实信息。最后,问卷的题型多为选择、判断,便于利用统计工具处理分析调查结果。该方法的缺点是:问卷设计的专业性、科学性直接影响调查的有效性;问卷回收率和有效作答率难以保证。

2) 访谈法。访谈法是通过与被调查者直接对话获得信息的方法。访谈法非常有利于问题的深度挖掘,如在有一定培训意向的情况下,通过与调查对象的深度沟通,可以更清晰地锁定培训需求细节。该方法有一定的难度。首先,需要调查者具备访谈技巧,访谈需要有清晰的逻辑,调查者必须具备引导和掌控访谈过程的能力。其次,调查者还需要具备沟通技巧,这样才能够激发被调查者分享更多的信息和真实的想法、感受;再次,访谈一般是一对一进行,效率低、成本高。最后,访谈对调查者的理解能力、抽象能力要求高,后期对资料进行整理分析的任务繁重。

3) 观察法。观察法指调查者身临其境,到被调查者的实际工作岗位上去了解其工作环境、行为表现及在工作中遇到的种种问题。例如,以时间为轴线,记录9:00员工做了哪些工作,以及工作程序、方法、结果,10:20员工又做了哪些工作……通过专业人士对详细记录的分析,确定培训需求。显然这种方法所取得的资料与培训需求的关联性很高。缺点:这种方法有可能影响被调查者的正常工作,被调查者的行为也可能存在一定程度的假象。而且,用这种方法我们只能看到被观察者做了些什么及如何做的,但是行为背后的逻辑、动机、情感、态度等则不得而知。

4) 资料分析法。该方法严格来说并没有开展调查,而是对已有资料进行分析研究,如通过对业绩报表、销售明细、消费者档案等资料的分析,找到企业经营中存在的问题,或者通过对政策法规、业务文件、领导人讲话等资料的解读,寻找某些规律性的东西,并依照此规律推测本行业发展脉络和发展趋势,及时调整企业经营理念、运营方式并进行针对性培训。这种方法通常会邀请拥有广博专业知识和丰富行业经验的专家共同参与,但受限于专家的经验、工作态度和价值观等,结果往往会有个人主观倾向。

(3) 选择调查范围

1) 普遍调查。普遍调查又名全面调查,是对调查对象总体情况的调查。由于调查全面,因此准确度高,但比较耗时费力,适用于调查对象人数不多或有特定目的的调查。

2) 抽样调查。抽样调查是按照一定的方法从调查对象总体中抽取一部分作为样本进行调查,借以归纳推断出总体状况的方法。适合不可能也没必要进行全面调查的情况,如潜在消费者情况的调查。该方法可以减少工作量,提高调查效率,但是如何选择样本是一个关键。

3) 典型调查。典型调查指根据调查目的从调查对象总体中选择少量有代表性的作为样本进行调查。由于典型调查中调查对象少,所以不适合定量研究,而适合定性研究。

2. 研究

调查收集到的数据是庞杂且没有规律可言的,另外很多需求也不适宜甚至不能通过培训来解决,如何从杂乱无章的数据中提炼出对企业培训有价值的信息,方法如下。

(1)数据筛选,去粗取精,去伪存真。

(2)数据分组,分门别类,归类梳理。

(3)数据加工,由此及彼,由表及里。

常用的分析模型有回归、分类、聚类、关联、预测等,常用的分析工具有 SPSS(一种软件)、SAS 语言(一种编程语言)、R 语言等。其实数据分析的重点不是采用什么分析模型和工具,而是找到合适的分析模型和工具,因为数据本身是客观的,如何解读数据是主观的,同样的数据由不同的人分析很可能得出截然不同的结论。培训课程开发部门要与相关部门专家联手深入分析,透过现象看本质,方能将隐藏在数据中的"密码"破译出来,最终形成书面调查报告。

培训如果无须自行谋划课程架构及教学内容,而是对现有教材奉行"拿来主义",是一件非常简单便宜的事,如同购买成衣,可以即买即穿,但想要追求剪裁和风格的恰如其分就是一种奢望。调研的意义就是了解企业的经营环境,看清曾经模糊甚至隐藏的问题,查清楚问题的成因,条分缕析出企业现状与愿景的差距,根据客观资源现状,为企业"量身定制"出最合适的培训方案。

三、确定培训目标

培训目标是指在培训结束时,学员应达到的能力水平。培训目标必须清晰,否则课程设计便失去了客观参照。在确定家政培训目标时应遵循以下几点原则。

1. 针对性

深入调研往往能发现企业存在的很多问题,培训必须摒弃"一服药包治百病"的错误观念,应将面临的问题分出主次,将未来的目标分出轻重缓急,正所谓"物有本末,事有始终,知所先后,则近道矣"。要遵循管理学中的"木桶理论",每一次培训仅针对企业的最短板即可,切不可贪多求全,更不可盲从敷衍、浪费资源。

2. 实用性

培训是要为企业解决实际问题的,实用性体现在两个方面。

（1）培训要聚焦岗位和任务，不要偏离日常实际工作。例如，培训应多与学员的需求相关联，学员也更愿意接受这种培训，因为实际工作能力的提升会让他们在业绩、地位和收入方面有收获得更多的潜能。

（2）培训要在学员的接受能力范围之内，目标不可过高也不可过低。培训如同跳高，标杆设得过低，学员容易丧失热情和动力；标杆设得过高，学员屡屡受挫，也会丧失动力甚至放弃。培训讲师教了多少并不重要，重要的是学员能运用多少；培训讲师名气大小并不重要，重要的是学员能改变多少。

3. 前瞻性

教育学中有个理论：不应当以儿童发展的昨天，而应当以儿童发展的明天作为方向。此理论同样适用于家政培训。培训不但要立足当下，也要放眼未来，因为对未来的美好憧憬，更能激发学习的主动性和热情，更能强化家政从业人员对职业的热爱和忠诚。企业也只有拥有了对家政事业有情怀、真热爱的员工，才能稳步向前、蓬勃发展。

此外，树立家政企业特色品牌，保持企业竞争力和可持续发展能力也是家政培训的重要目标之一。需要指出的是，企业要树立对培训的正确认识：培训不是"救火队消防员"，出了状况、有了险情才想起培训；培训是企业的"养生食谱"，应随着四时节气的变化和员工的机能状态灵活调整。只有深刻重视并注重坚持，"健康"才会相伴终生。

四、设计培训课程

课程是培训的核心。课程（curriculum）一词在西方最早出现在斯宾塞的《什么知识最有价值》一文，源于拉丁语"currere"，意为"跑道"，可形象理解为：为不同学生设计不同的轨道，为不同目标设计不同的学习进程。

1. 设计课程目标

课程目标是学习完某一课程学生所要达到的发展状态和水平的描述性指标，是课程开发的基础环节和重要因素，直接影响和制约着课程内容、课程组织、教学实施等后续环节的设计和操作。家政培训课程目标的设计应做好以下几个方面的和谐统一。

（1）理论与技能。家政行业极其重视实践操作，如果再加上理论的支撑，就能大大提高受训者独立解决问题的能力，进一步提升技能水平。例如，学习面点制作，如果了解了发酵原理，了解了酵母、面粉、水、盐、糖等在发酵过程中的反应条件，家政从业人员就不会只是机械地按照食谱照猫画虎，而是有可能随心所欲制作出各种不同烹制方法、口感及造型的发酵美食。

（2）过程与方法。现代工业社会学研究认为，"明确任务、计划、决策、实施、控制、评价"是一个任务被完成的六个阶段。研究发现，不同职位的人在完成任务时也应该基本遵循这个思维框架。培训讲师应该让学员习得以下方法和能力。

1）学会获取与完成工作任务、达成工作目标有直接联系的信息。

2）学会设想工作的内容、程序、阶段划分和条件，并根据给定的设备和条件列出有多种可能性的计划。

3）学会从计划阶段列出的有多种可能性的计划中确定最佳解决方案。

4）学会按照确定的最佳解决方案开展工作，及时观察并记录可能出现的偏差。

5）学会采用适当的方式对工作过程进行质量控制。

6）学会从技术、经济、社会、道德和思维发展等多方面对工作过程和工作成果进行全面评价。

（3）能力与素质。心理学对能力的解释是人们成功顺利完成某种活动所必备的个性心理特征，是一种完成特定活动的本领和力量。能力直接影响活动的效率。家政服务中有大量的问题是事先不能预测的，没有规定程序，更没有标准答案，因此设置课程目标不能单把重点放在特定的工作过程之上，应放在对学员的认知灵活性、情感与理智的探索上和对学员良好心理素质的培养上。

2. 建立课程模块

目标是培训的结果，而非培训的过程。培训是否有效，取决于培训目标设置得是否合理及培训目标与培训课程是否一致。培训质量的核心在课程，课程质量的核心首先取决于课程自身，具体包括课程名称、适用对象、课程目标、章节内容、重点难点、进度安排、授课形式、考评方法等方面。其次，与课程体系框架密切相关，有时开发一门课程便可满足培训需求，但多数情况下需要开发一系列课程，形成课程模块，通过模块厘清培训的授课思路，搭建有内在逻辑的课程结构框架，使课程之间形成相互呼应、相互联系的整体。家政培训课程可以考虑按下面的模块划分。

（1）知识模块。知识模块即理论模块，如从事家政服务业应该掌握的政策、专业概念、专业理论等。

（2）技能模块。技能模块包括家政从业人员必备的技能及技能拓展，力求让学员从能做会做，到知道为什么这么做，再到知道如何能做得更好，最终可追求自主创新。

（3）素质模块。素质模块不单指职业道德，还包括交际礼仪、人际沟通、心理修养等，只有在思想观念深处的改造才能让学员具有坚定的理想信念并建立职业认同感，最终所有家政从业人员才能共同打造繁荣和谐的家政行业。

3. 确定教学策略

教学策略指在特定的教学情境中为完成教学目标而采用的适应学生认知需求的教学措施，如采用什么样的培训形式或者教学方式，配备什么样的教学设施和练习材料，针对特定的教学目标如何设计与之配套的案例和教学活动，等等。进行教学策略策划时应关注以下几个方面。

（1）教学方法宜灵活多样。对于比较抽象的理论教学内容，如基础性知识，培训讲师要善于总结归类，把知识点加工成便于记忆的形式，如顺口溜，因为顺口溜短小精悍且朗朗上口，便于学员记忆；或者将知识点策划成一些互动性强的项目，如通过寓言故事引发话题、通过模拟表演激活理论、通过图片和视频强化感受、通过自由讨论交换观点……总之，灵活多样的教学方法不仅使课堂充满活力，也使抽象理论变得生动形象，易于学员理解和接受。

对于偏感性的技能教学内容，反复演练是必不可少的，根据操作步骤画出直观的流程图是常用的方法，但依葫芦画瓢的、机械式的重复练习，很容易使学员失去耐性乃至产生厌倦情绪，培训讲师可以将实践联系理论，把机械动作背后的核心原理解析到位，这种建立在理解之上的模仿会更有效，而理论和技能之间的逻辑关系的建立如能引导学员举一反三、灵活应变，才是培训求之不得的结果。

（2）培训宜加强人文素养。家政培训不仅要丰富学员的理论知识，使学员的专业技能精细化，更要提升从业人员的人文素养，增强其适应社会规则和理解社会规范的能力。尽管人文素养的教育会经历"理解接受→态度转变→行为转化→观念内化"的漫长过程，但优秀的人文素养是服务行业最具价值、最具竞争力的能力，所以家政培训必须重视人生观、世界观、价值观的引导，重视理想信念对职业定力的影响力，帮助学员摆正就业观念，理性面对社会偏见，使学员发自内心热爱家政服务，提升职业认同感、自豪感和荣誉感。家政培训应抓好情绪培养、人格培养，重视思政教育，引导学员干一行爱一行，实现学员与家政事业顺利融合。

（3）注重学习情境的设计。设计学习情境是为了将学员的角色还原到真实的工作状态，实现"在哪里学，就在哪里用"。目前培训机构在模拟实验室大量投入硬件设施，以期为学员创造一个高保真的环境，这固然是值得肯定的，但是真实的工作情境千差万别、变化多端，因此学习情境的设计首要凸显典型的工作特征，如工作程序、工作方法等。其次，必须对学员进行完整的思维过程训练，使学员逐步增强自主思维的能力，养成"信息收集→综合判断→果断实施→检查反思"的工作反应。最后，学习情境的设计应在如何提升学员的沟通协作能力，启迪学员的思想，激发学员的兴趣，帮助学员自我认知、自我规划、自我发展等方面有所考虑。

（4）课程结构须符合逻辑。培训课程开发的是一个课程系统，这个系统首先要保证知识和技能传递的完整性。其次，要考虑学习顺序是否顺乎情理、符合逻辑，如理论课程要有一条鲜明的逻辑主线贯穿始终，技能类课程要突出核心原理，并通过一系列的解析方法、训练手段，实现课程目标。没有逻辑贯穿的知识如同散落的珍珠，很难长时间保留在记忆中。因此课程开发人员要根据学员的学习能力、发展阶段、原有培训经历等，设计多层递进的培训层次，推敲课程的逻辑关系并持续优化，以此确保学员对培训内容的消化吸收。另外，课程结构的设计、模块的划分、内容的布局等课程开发的重难点，需要培训讲师以专业的视角对待。

（5）符合成人认知特点

1）成人具有强烈的动机性学习意识，通俗地说就是需要学才学，一旦想学就会认真学，这就需要培训讲师善于切中学员的"七寸"，巧妙地激发学员的兴趣，否则培训就是"拉直牛角——白费功夫"了。

2）成人的学习不仅具有很强的目的性，而且是有问题取向的。培训内容如果与工作任务、日常生活，乃至个人发展联系密切，则更能吸引学员全情投入，取得事半功倍的效果。

3）成人拥有丰富的个人经验，这可能会挑战培训讲师的个人积累经验，同时学员的固有经验也可能成为学员接受新事物的阻力。如果运用得当，如鼓励学员进行经验分享，培训讲师给予总结归纳，既能高效地拓展每个人的间接经验，又能满足人在交流中的倾诉、受尊重或有存在感等愿望。

总之，教学策略是博大精深的，人们对于它的探索和追求亦是无止境的，如"理论联系实际原则"，又如至圣先师孔子在两千多年前提出的"因材施教"原则，至今仍是教育界"老话常新"的议题。因此培训讲师不仅是知识的拥有者、传播者，更是智慧思考者、观念领跑者，应成为学员学习过程中的组织者、引导者、咨询者、合作者，甚至是共同研究者，教学相长，实现培训的不断超越，而不能盲目地维护教学中"教"的权威。

五、实施培训课程

设计培训课程后，培训讲师既要沿着前面的设计思路去实施课堂教学，又要兼顾课堂变化，不能照本宣科。

六、课程评估与修订

课程研发是一项复杂的系统工程,很少能保质保量一步到位,而培训又是一项持续性的工作,为更好地立足当下同时放眼未来,需要课程开发者邀请相关领域的专家、家政企业管理者、家政服务消费者和学员代表,对已研发的课程进行审核评议。如果时间允许,甚至可以对培训课程进行试讲,对所设计的课程内容进行实际检验,通过调研学员转化实际能力的情况,并对消费市场反馈、家政企业投资回报率等情况进行摸查,判断已研发的课程是否实现了预期的培训目标,是否可以产生有效的培训效果。据此对培训课程进行课程内容的增删完善、课程顺序与课时分配的调整优化、知识技能的侧重、教学方法的改进等诸多方面进行相应的调修。

其实,即便是成熟的课程,随着企业内外环境的变化而加以修订也是必要的,正如任何优秀的公司,与时俱进、更新迭代是永葆活力的关键,超前或落后于社会需求的发展变化的课程都会造成人力、物力、财力的浪费。综上,课程开发紧跟时代潮流,培训才能获得最大的经济效益和社会效益。

第三节 家政培训教材开发

家政培训教材开发在程序上与家政培训课程开发基本相同,在原则和理念上也一脉相承,在具体环节的操作上也是大同小异,所以此处不再赘述。本节着重讲教材开发的内在要求和外在趋向。

一、教材开发的内在要求

教材开发的内在要求主要涉及教材内容的选取与选取依据、教材内容的逻辑组织等。教材开发应秉承"以职业标准为依据、以市场需求为导向、以职业能力为核心"的原则,突出教材的先进性、适用性和实用性。

一本教材的优劣不在于内容是否多而全,而在于角度、深度、容量、编排是否合适。好的教材既能贴合企业岗位需求,又能滋养和提升从业者的道德素质。

二、教材开发的外在趋向

现代职业培训追求的是周期短、内容新、针对性强、方式灵活、个性突出、效果明显，传统的"一本教材一支笔、上课坐到下课起"的教学模式必须变革，教材形式的革新也势在必行。目前的职业教育教材除了传统的纸质教材外，还出现了以下几种形式。

1. 活页式教材

其特别之处在于采用了活页装订的形式，具有可以顺应变化快速更替教材内容的特点，也能有效降低教材开发成本。

2. 工作手册式教材

工作手册式教材可以理解为工作说明书，适用于有典型工作任务和流程性、规范性强的培训项目。

3. 立体化教材

立体化教材即"云资源"与纸质教材的结合。例如，创建一个互联网型课程资源平台，学员通过扫描教材中的二维码链接即可获取平台资源，方便新技术、新理念、新规范的更新，也方便了优质资源的分享，创新了教学资源的供给方式和教学模式。充分利用信息技术，发展以数字化内容、网络化传播为主要特征的数字化教材是未来教材开发的大方向。

第三章
家政培训教学设计与教案编写

第一节 教学设计的含义、特征及依据

一、教学设计的含义

教学设计是指在实施教学之前,由培训讲师对教学目标、教学方法、教学评价等进行规划和组织并形成教学方案的过程。教学设计几乎涵盖了教学的各个环节,如根据课程教学目标编写符合学员特点的教材、开发检测教学目标是否实现的测量工具、编写教案、安排课堂教学活动、准备练习题、预先准备引导性教学材料等,这些都可以纳入教学设计范畴。现代教学设计理论强调教学是一个完整的系统,教学设计应针对整个系统进行。

二、教学设计的特征

1. 系统性

教学活动是一个由培训讲师、学员、教学目标、教学内容、教学媒体和方法等要素构成的复杂系统,系统中的各要素相互联系、相互依赖、相互制约。在进行教学设计时,需要采用系统分析的方法去考察教学系统中的各要素及它们之间的相互联系,要把对每个要素的研究放在整个教学系统中进行思考,不能脱离系统孤立地研究其中某个教学要素。

2. 创造性

教学设计的过程,也是培训讲师在分析教材的基础上,根据不同的教学目标、不同学员的特点创造性地设计教学方案的过程。换句话说，教学设计的过程也就是培训讲师发挥创造性才能的过程。

3. 最优化

教学设计的过程，是寻求最优化教学方案以实现教学目标的过程。所以教学设计必须从教学的整体出发，恰当地考虑各要素在整个教学结构中的地位和作用，优化各要素间的组合方式，使教学效率和质量得到有效提高。

三、教学设计的依据

1. 理论依据

（1）现代学习理论和教学理论。学习理论和教学理论是对学习规律、教学规律的科学总结。一般来说，很多培训讲师习惯于根据自身的经验进行教学设计，但经验并不一定科学和正确，所以用现代学习理论和教学理论指导教学设计，是培训讲师从"基于经验开展教学"上升到"基于科学、理性的逻辑思路开展教学"的一个基本前提。基于现代学习理论和教学理论来设计教学活动，实际上就是要求教学设计的方案符合学习规律和教学规律。

（2）系统科学理论。教学设计的方法论的基础是系统科学理论，培训讲师要自觉遵循系统科学理论，以系统的观点和方法反思和指导自己的教学设计工作，不断提高教学设计水平。

2. 现实依据

（1）教学的实际需要。教学设计的全部意义在于满足教学活动的实际需要，并为之提供最优化的行动方案。

（2）学员的需要和特点。学员的学是教的出发点和归宿，因此衡量教学是否有效就看是否引起了学员积极主动地学。

（3）培训讲师的教学经验。教学设计要以科学理论为指导，但也不能完全排斥培训讲师个人的教学经验。培训讲师在长期培训中会积累非常丰富的实践经验，这是一笔无形的财富，会帮助培训讲师在教学设计的过程中有效地规划和安排各培训环节。而且，结合了个人经验的培训课堂，更能体现培训讲师的课程特色。

第二节 教学设计的基本程序和原则

一、教学设计的基本程序

教学设计作为对教学活动进行规划、决策的过程,无论针对什么样的教学内容进行教学设计,它所遵循的程序是基本一致的,大致包括以下几个方面。

1. 学情分析

教学的服务对象是学员,学员的学习是教学活动的中心,一切培训活动都是围绕着学员的学习活动进行的。因此,对学员进行学情分析是教学设计的基础。

进行学情分析时主要分析以下几个方面。

(1) 了解学员心理发展的一般状态。例如,了解学员在所处年龄阶段的特征,从整体上把握学员的一般特点。

(2) 了解学员具体的准备状态。主要内容包括:了解学员是否具备了必要的知识、技能基础;了解学员对新任务的情感态度,主要包括学员的学习动机等;了解学员对学习任务的自我监控能力,主要包括学员的学习方法、任务意识等。

(3) 了解学员的个体差异。教学设计中要研究学员的个体差异,根据学员的学习基础、性格等不同进行差异化教学。

2. 确定教学目标

确定教学目标,就是确定教学实际要达成的目标。教学是一种有目的地促进学员身心发展的活动,进行教学设计必须确定教学目标。确定教学目标的依据是课程标准和学员的发展现状。

确定教学目标时应注意的问题是,传统教学设计过分强调认知性目标,强调知识的重点、难点等,却忽略了学员的能力、情感、态度、价值观等其他领域目标的实现。实际上,确定教学目标涉及知识与技能、过程与方法、情感态度与价值观三个领域。进行教学设计时,应统筹考虑三个领域,以保证教学目标的科学性和完整性。

3. 任务分析

任务分析是指在教学活动前,对教学目标中规定的、需要学员习得的能力或知识的构成成分及其层次关系进行分析，目的在于为学习顺序的安排和教学条件的创设提供依据。任务分析也就是将教学目标转化为各级任务，再将各级任务逐级划分成各种子知识和子技能的过程。培训讲师一开始要问自己："在学员达到我想要的水平之前，他们需要做什么？"通过对这个问题的思考，帮助培训讲师确定学员需要掌握的是哪几种技能。假设培训讲师已确定了需掌握的五种技能，就再接着问自己："学员要掌握这五种技能，他们必须有怎样的基础？"这样的反推，可以帮助培训讲师在脑海中描绘出学员成功完成教学目标必须具有的知识和技能，从而确定教学的逻辑顺序。

4. 制定教学策略

教学策略是在确定了教学目标以后，根据教学任务和学员的特征，有针对性地选择与安排相关的教学内容、教学方法、教学媒体、教学组织形式等，以形成高效的教学方案，并最终达到教学目的。

5. 设计教学评价

教学评价的目的是了解教学目标是否实现，教学评价可为修正教学设计和改善教学提供依据。培训讲师进行教学评价设计时，要以教学目标为指导，以教学内容为依据，根据学员的实际情况，设计出相应的教学评价内容和评价方法。

二、教学设计的原则

1. 主体性原则

教学设计的主体性原则要求保障学员均有效参与。学员的有效参与是实现教学目标的基石，教学设计要以学员可参与的活动为载体，以是否可调动学员的学习兴趣和学习热情，是否能引起他们在交流和思想碰撞中产生新思想、在行为上发生潜移默化的变化为评价标准。

教学设计的质与量，关系着学员参与的广度、深度与频率，甚至学习效果。因此，以学员的有效参与为主体性原则，严谨的设计是打造"金课"的必由之路。

为了保证学习者的有效参与，在教学设计时须把握两个原则：一是促进学习者的深层次思考，二是调动全员参与。培训讲师在进行教学设计时，应穿插不同形式的全员参与活动，这样既能丰富学员的课堂体验，又能最大程度地促进学员态度、情感、价值观、综合能力等方面的协调发展。

若想学员有效参与需激活其学习动机。学员是否有效参与课程进行知识建构，有一个重要的前提是其学习动机是否得到激活并保持。在知识建构的过程中，学习动机激发并维持着学员付出努力，使学员积极参与学习材料的认知和加工过程。学员在学习动机的激发下，理解学习材料，达到学习目的。要有效激发学员的内外部学习动机，首先要使学习内容本身具有激励作用，以提高学习者的内部学习动机。其次，需采取措施激发学员付出艰苦的努力去学习课程内容，以提高学习者的外部学习动机。事实上，所有学员都是有学习动机的，只是他们的学习动机或内或外、或强或弱。教学设计的任务是发现、培养、激活、增强并保持学习者的学习动机，使学习者全身心投入学习活动。

2. 达成原则

教学设计的达成原则，主要是让学员了解通过努力能够实现的目标，并且让学员明白目标的实现对个人成长的意义。研究表明，学员对教学目标的明了程度不仅与学员的成就存在着密切的关系，而且与学员的满意度也存在着密切的关系。

3. 效率原则

教学设计与教学组织是紧密相连的，教学是根据教学设计进行的，是执行教学设计的过程。科学的教学设计必然要保障教学实施过程中教学内容呈现的时机有效、师生间和生生间交流互动有效、课堂教学秩序有效等。还需注意的是，教学是动态的活动，是尝试性的过程，无论怎样周全的教学设计也难以预料复杂的、动态变化的教学过程，意外的情况时常出现，这就需要培训讲师根据教学内容、培训对象和教学情境的变化，及时修改教学设计，灵活地开展教学。

教学设计的效率原则还表现在培训讲师对教学时间的高效利用上。教学时间得到高效利用的课堂具体体现如下。

（1）教学活动最大程度地指向教学内容，将更多时间用于与教学内容直接相关的师生互动和与学习直接相关的活动上，在课堂管理、交流学习规则及与学习无关的活动上用时较少。

（2）通过教学的生动有趣吸引学员的参与，激发学员的学习动机，促使学员对学习更投入，增加他们的有效学习时间。

（3）通过事先制订的教学时间管理计划、教学实施计划，并在教学后评估时间利用情况来有效利用时间，及时消除导致时间浪费的因素。

综上，有效的教学设计要联系学员的经验与生活，通过教学过程中师生间的积极互动，促进学员知识与技能的习得。

第三节　教学设计的具体方法

一、学情分析

学情分析是以学定教、实现有针对性的教学的关键。学员的学习是培训活动的中心，分析培训对象是教学设计的基础，也是确定教学目标的重要影响要素和实现教学目标的保证。培训前的学情分析是教学设计的基础，培训中的学情分析是及时调整教学与不断创新教学的重要依据，培训后的学情分析能为培训反思与培训改进起到启发作用。

学情分析的主要内容包括学员学习起点状态和学员潜在状态两个层面，涉及学员已有经验、学员认知能力、学员心理特征和学员学习风格等方面。从分析对象上细分，也可以分为学员情况和学员学习情况，前者指学员成长、发展方面的情况，包括身体、心理、智力、情感、态度等；后者指与学习某些知识和技能相关的情况。

学情分析往往需要关注四个关键点：起点、难点、容易点和易错点。这四个关键点虽不能囊括学情分析的全部内容，但是却非常具有指导意义。教师分析学情一般会考虑起点、难点、易错点，但容易忽视容易点。容易点可能是很重要的部分，不容忽视。

学情分析是对人的分析，是个复杂的过程。要想全面、正确把握学情，需要选择适当的学情分析方法，全面了解和掌握学情。学情分析的常见方法如下。

1. 资料分析法

资料分析法是指通过对学习档案、笔记、练习、作业和试卷等材料进行分析了解学情的方法。这种方法可以帮助讲师了解学员学习的总体情况，包括课堂专注程度、对课堂教学内容掌握的程度等。

2. 经验分析法

经验分析法，也叫经验梳理法，是教师基于已有的教学经验对学情进行分析与研究。相对来说，教学经验丰富的教师更喜欢运用这种方法。

3. 观察法

观察法是进行学情分析最直接的方法，也比较容易实施。但需注意，在课堂教学中观察学情，因课堂教学情境转瞬即逝，容易记录不全，可借助录像或录音等手段帮助进行课后回顾。

4. 调查法

调查法分为问卷调查法和访谈法。问卷调查法的问卷设计要有明确的目的性，体现全面性、有效性和科学性，并力争客观、准确、全面地反映学情。问题的表述要符合学员实际情况，具有针对性，且无暗示性和倾向性。同时，问卷的设计也需便于统计、分析。

访谈法也是研究学情的一种有效方法，通常可作为问卷调查的辅助方法，往往可以发现其他研究发现不了的地方。

二、教学目标确定

教学目标确定是对教学活动预期所要达到的目的的规划，它是教学设计中的首要问题。教学目标对教学活动发挥着导向、激励和检验等方面的作用。培训讲师能否制定出明确、具体、规范、可操作的教学目标，对教学的成败有着重要影响。

教学目标确定的一般步骤包括：钻研课程标准、分析课程内容、分析学员已有的学习状态、确定教学需要并对其进行分类、列出概括性教学目标、陈述具体的行为目标。

1. 教学目标的分类

在众多的教学目标分类理论中，布鲁姆的目标分类最具代表性。20世纪50年代，布鲁姆曾领导一个教育委员会对教学目标进行了系统的分类研究。他们把教学活动所要实现的整体目标划分为三大领域：认知领域、情感领域和动作技能领域。

（1）认知领域的目标分类。认知目标从简单到复杂分为六级。

1）识记。记住所学习的材料。

2）领会。领悟所学习材料的意义。

3）运用。将所学习的概念、规则、理论等运用于新的情境。

4）分析。将整体学习材料分解并分析其组织结构。

5）整合。将所学知识整合为知识体系，产生新的模式或结构。

6）评价。根据材料的内在标准或外在标准，对材料做价值判断。

（2）情感领域的目标分类。根据价值内化程度，情感领域的目标可分为五级。

1）接受。对环境中正在发生的事情的低水平觉知。

2）反应。学员主动参与新的活动并产生反应。

3）价值化。学员将特殊的对象、现象或行为与一定的价值标准相联系。

4）组织化。纳入新的价值观，形成自己的价值体系。

5）价值体系个性化。价值体系表现出一定特性。

（3）动作技能领域的目标分类。动作技能领域的教学目标分类方法有多种，美国学者辛普森将动作技能领域教学目标分为七级。

1）感知。学员运用感官获得信息以指导动作。

2）准备。学员对活动的准备。

3）有指导的反应。学员在培训讲师的引导和指导下做出反应。

4）机械练习。学员反应已成为习惯，能以某种熟练水平完成动作。

5）复杂的外显反应。较为复杂的或包括多种不同反应的动作技能已初步形成。

6）适应。学员能修正自己的动作模式以适应具体情境的需要。

7）创新。学习者创造新的动作模式以适应具体情境，强调以高度发展的技能为基础的创造力。

2. 教学目标的表述

教学目标科学、明确的表述对于实现有效教学非常重要。教学目标的明确表述要做到两点：第一，教学目标要具有可操作性，要用可观察的行为来表述；第二，教学目标的表述要反映学员行为的变化，要体现学员的学习结果。教学目标的表述有不同的方式，侧重的内容也有所不同，具体如下。

（1）行为目标的 ABCD 表述法。美国行为派心理学家马杰根据行为主义心理学提出了行为目标的理论与技术。行为目标也称作业目标，指用可观察和可测量的行为表述目标。马杰提出，写得好的行为目标有三个要素：一是说明通过教学后，学员能做什么；二是规定学员行为产生的条件；三是规定符合要求的作业标准。后来行为目标的理论与技术发展为行为目标的 ABCD 表述法。

A 即 audience，意为"学习者"。要有明确具体的学习者，他们是目标表述句中的主语。

B 即 behavior，意为"行为"。要说明通过学习后，学习者能做什么，这是目标表述句中的谓语和宾语，也是目标表述中最基本的部分。需要使用动词描述学员所形成的可观察、可测量的具体行为，如写出、认出、比较、背诵等。

C 即 condition，意为"条件"。要说明行为在什么条件下产生，指学习者表现行为所处的环境，或受到的设备、信息、时间、人等因素的限定，如"不得参考笔记或其他资料""在 10 分钟内完成"等。

D 即 degree，意为"程度"，可理解为行为的标准。标准是指作为学习结果的行为可接受的最低衡量依据。标准可以从行为的速度、正确性、质量等方面确定，如"至少认出 8 个单词中的 5 个""至少达到 80 分"等。

（2）内部过程与外显行为相结合的表述方法。在实际教学中，有许多作为目标的心理过程难以采用表示外显动作的语言来描绘，格伦兰提出可以先用描述内部心理过程的语言来概括陈述教学目标，然后用可观察的行为作为例子使这个目标具体化。情感领域内的目标就很难表达，要具体描述情感目标，我们可通过一个事例来说明。

例如，在讲"垃圾分类"课程内容时，要求家政学员树立可持续发展的观点，对教学目标可表述如下。

1）学员能树立可持续发展的观点。

2）学员能说出可持续发展的大概意思。

3）学员能运用所学知识批判现实中破坏环境的行为。

（3）表现性目标的表述方法。在教学实践中，学员的认识和情感并不是参加一两次教育活动就能产生明显的外部变化，培训讲师也很难预测在一定的教学活动后学员的内在心理过程将会发生什么变化。例如，高级认知策略和心智技能的提高、品德修养的提高等，都很难使用前两种目标表述方法。美国美术教育家艾斯纳提出了表现性目标的表述方法。表现性目标要求明确规定学员必须参加的活动，而不精确规定每位学员从这些活动中可以习得什么，如表述为学员能积极参加团队活动。要注意的是，表现性目标只能作为教学目标具体化的一种补充。

三、教学内容的设计注意事项

从学员对教学内容掌握的实质上看，起关键作用的是学员的积极性、先前的相关知识储备、智力水平和在头脑内部对学习内容的组织等因素。从教与学的对应关系上看，前三个因素涉及的是学情分析，最后一个因素涉及的是教学内容的设计。

教学内容的设计是实现教学目标的保证。培训讲师在进行教学内容的设计时要注意以下几个方面。

1. 依据学员的知识储备水平和认知发展水平，灵活调控教学内容的深度与广度。

2. 增强教学内容的新颖性和多样性，适当补充贴近学员日常学习和生活实践的材料。

3. 突出教学重点，提供丰富多样的教学活动，增强练习与反馈，确保学员对教学重点的理解与掌握。

4. 教学内容的编排顺序、呈现方式要适当，衔接要紧凑。

四、不同类型教学内容的教学设计

不同类型的教学内容的组织方式应该有所不同。从教学设计的角度考虑一般将知识分为陈述性知识、程序性知识和策略性知识。

1. 陈述性知识的教学设计

陈述性知识主要是关于"是什么"的知识。这类知识包括：有关事物名称或符号的知识，如北京、上海等；简单事实知识，如北京是中国的首都；组合知识，如张三身高1.68米，李四身高1.78米，张三没有李四高。

陈述性知识是一种静态的知识，对学员的学习要求重在理解和记忆。因此，培训讲师在进行陈述性知识的教学设计时，应将重点放在如何帮助学员有效地理解、掌握这类知识上。

在具体设计时，应注意解决好以下几个方面的问题。

（1）提供新知识与原有相关知识连接的"支点"，也就是讲清楚新、旧知识之间的相互关系，以帮助学员在理解的基础上有效吸收新知识。

（2）确定学员学习的起点，即对学员的学习准备状况做认真细致的分析，确定教学应该从哪里或哪种水平上开始。

（3）适当运用教学媒体，增强教学内容组织的直观性、形象性和多样性。

2. 程序性知识的教学设计

程序性知识是用于回答"怎么做"问题的知识。程序性知识主要涉及概念或规则的应用，即对事物进行分类、运算或操作。语文中的语法规则，数学、物理、化学中的大部分知识，体育中的动作技能等，都属于程序性知识。程序性知识对学员的学习要求重在操作和应用，形成技能和技巧。这类知识的教学设计的主要目的就是帮助学员形成运用概念、规则和原理解决问题的能力。对于程序性知识的教学组织，应注意以下几点。

（1）明确设计教学内容的程序。

（2）要有充分的练习设计。无论是概念学习、规则学习，还是原理学习，都要设计充分的练习，使学员得到充分的练习、实践。

（3）注意正、反例练习设计。呈现正例有助于学员对知识的概括和迁移，呈现反例有助于学员辨别知识的确切含义。

（4）正确处理分散练习与集中练习的关系，以及局部练习与整体练习的关系。对于较复杂的程序性知识应先进行局部练习，再进行整体练习。

（5）合理规划讲授与练习时间，使学员充分理解教学内容并获得有效的技能训练。

3. 策略性知识的教学设计

策略性知识是学员调控自己的活动以提高心智水平或动作操作水平的能力。从本质上说，策略性知识是一套支配人的认知或动作的操作规则或程序，也在程序性知识的范畴之内。策略性知识的处理对象是个体自身的认知活动和个体调控自己认知的活动。一般来说，策略性知识可分为两种：一般认知活动策略性知识，如调控注意的策略、记忆的策略等；创造思维策略性知识，如发现问题的策略、获取灵感的策略等。

根据策略性知识的特点进行教学设计，需解决好课程、培训讲师、学员三方面的问题。我国传统的课程没有把策略的训练作为一个重要的目标，传统教材中也缺乏相应的内容。许多培训讲师缺乏学习策略、认知策略等方面的知识，更缺乏教学策略的训练。学员也大多缺乏认知策略的基本知识和基本技能。做好策略性知识的教学设计要注意以下几点。

（1）培训讲师须学习和掌握有关学习策略、认知策略方面的知识和技能，加强教学策略的训练。

（2）注意挖掘课程中策略性知识的内容，依据学员学习的特点有针对性地进行教学设计。例如，通过提问引起学员本身的注意，使之逐步由外界控制变成自我控制；教会学员在听课和看书时如何做记录；教会学员如何对知识进行组织加工以便于记忆等。

五、教学重难点的把握与处理

合理确定"教学重点"和"教学难点"是教学内容组织的"重头戏"，也是合理安排教学时间的主要依据。

1. 教学重难点的把握

教学重点是指在所教学科知识体系中处于重要地位，对后续知识的学习和理解会产生重要影响的知识点。教学重点的把握往往需要把一节课的内容放到整个单元、整本教材，乃至整个课程中去分析，因此，培训讲师应厘清一堂课的内容在整个课程知识体系中的逻辑关系。从这个意义上讲，教学重点不会因培训讲师和培训对象的不同而发生变化。

教学难点是指培训内容中受训学员较难理解和掌握的部分。教学难点是相对于学员的理解力而言的，因人而异，对某些学员而言是难点的知识，对其他学员来说则未必。教学难点的确定，可以参照以下几个要素进行。

（1）内容相似，容易产生误解的知识点。

（2）内容抽象、复杂，需要综合思考的知识点。

（3）学员知识基础差，难以接纳的知识点。

（4）学员相关经验少，难以理解的知识点。

（5）学员原认知错误，难以校正的知识点。

在班级授课条件下，教师确立教学难点的标准大多是基于中等水平的学员而定。但在家政服务培训中，培训讲师不仅要考虑到中等水平学员的接受能力，还要考虑到水平较低学员的接受能力。

2. 教学重难点的处理

教学重难点的处理，是影响一节课的效果和质量的重要因素。在教学重难点的处理中，关注的中心问题是学员对学习内容的理解和掌握。常见的对教学重难点的处理方法主要有以下几种。

（1）灵活运用各种直观教学形式。为了提高直观的效果，应根据教学的需要和问题的性质，灵活选用实物直观、模象直观和言语直观等直观形式进行教学，加深学员的感知印象，突出事物的本质要素和关键特征。

（2）为学员提供丰富多样的变式。变式是通过变换同类事物的非本质特征，帮助学员区分概念或规则的关键特征和无关特征，同时也可强化学员对客观事物的本质属性的认识。运用变式可以帮助学员在对教学内容进行概括时，避免把一类事物或一些事物所共有的特征看作本质特征，还可以避免人为地增加或减少事物的本质特征、缩小或扩大概念的外延。

（3）引导学员对知识进行科学比较。事物的本质特征常常不是显而易见的，初学者往往容易忽略事物所共有的一些特征，所以需要将相同或相似的知识进行对比，以加强对知识的深度理解。比较主要包括同类比较和异类比较两种方式。同类比较即同类事物之间的比较，同类比较便于区分对象的一般与特殊、本质与非本质特征。异类比较即不同类但相似、相关的事物之间的比较，能使相似客体的本质更清楚，防止知识的混淆与割裂，有利于确切了解彼此间的联系与区别，有助于知识的系统化，建立网络化的知识结构。

第四节 教案编写

教案是培训讲师根据培训内容,结合学员实际学习需求进行思考设计,以指导学员有效学习而编写的教学方案。教案是实施教学的直接依据,是培训讲师培训经验的结晶,体现了培训讲师的教学思路,反映了培训讲师掌握教学大纲、熟悉教材的程度。同时,编写教案也有助于培训讲师厘清授课思路,提炼教学重难点,总结教学经验,进行教学反思,提高教学水平。

一、教案的基本内容

教案一般包括学情分析、教学内容分析、教学目标设定、教学重难点确定、教学方法选择、教学准备、教学过程设计、教学小结、作业布置、课后反思等内容。

1. 学情分析

学情分析主要指对学员已有知识经验、认知能力、心理特征和学习风格等方面进行分析。

2. 教学内容分析

根据培训大纲的规定,依据学员知识储备水平和认知发展水平,就教学内容展开的深度与广度进行分析,以确定教学内容的组织排列、衔接和具体呈现方式等,目的是确保学员对教学内容的理解与掌握。

3. 教学目标设定

根据培训大纲的规定,就不同教学内容的掌握层次(如应用、理解、了解等)进行确定。描述教学目标时,要在可观察的行为方面进行,以反映学员行为的变化。

4. 教学重难点确定

教学重难点确定是指通过对教学大纲、教学内容和学情的分析,确定教学的重难点,为合理安排教学时间提供依据。

5. 教学方法选择

教学方法是培训讲师把教学内容传授给学员的方法，不仅包括培训讲师传授知识和技能的方法，也包括学员主动学习和掌握知识的能力和方法，主要有讲授法、讨论法、演示法、合作探究法、案例法等。培训讲师既可以采用单一的教学方法，也可以综合运用多种教学方法。

6. 教学准备

教学准备主要是指教具（实物、模型、挂图等）和多媒体（可用计算机处理的多种信息载体的统称，包括文本、声音、图形、动画、图像、视频等）的准备。

7. 教学过程设计

教学过程设计是教案的主体，要针对教学的每一个环节制定出具体的实施方案，包含复习旧知、导入新课、重难点内容的突破等。

8. 教学小结

教学小结是课堂教学的重要环节，不仅有助于学员巩固所学内容，梳理知识体系，还能促进学员形成良好的思维习惯、认知方式。教学小结应注意繁简适宜，并方便学员建立系统的知识体系和掌握解决问题的基本方法。教学小结的呈现形式应与学生表征方式相吻合，避免形式化。

9. 作业布置

针对课程的重难点，布置符合学员实际水平的作业，主要目的是促进学员巩固和熟练课堂内容，并促进学员将掌握的知识向职业素养转化。

10. 课后反思

课后反思是培训讲师将自己的教学实践作为思维对象来进行考查和总结的过程。课后反思时，培训讲师将授课过程中的实践经验、课堂应变的情形与效果、新教学思想的应用与验证、运用教育学和心理学原理的体会、教学方法上的创新等详略得当地记下来。课后反思不仅可以帮助培训讲师积累教学经验、提高教学水平，还可以促进培训讲师向研究型教师发展。

二、教案的编写要求

1. 教案作为教学实施的依据，应在充分备课的基础上撰写，并对教学目的、重点、难点及教学方法等做出具体有效的设计。

2. 教案需兼顾不同学员的学习需求，合理展开教学内容，以确保教学活动结束后能圆满完成预期的教学目标。

3. 教案的编写要充分体现教学目标、教学内容和教学过程之间的关系，逻辑要紧密，保障教学内容的讲授、教学过程的展开能够充分实现教学目标。

4. 教案的编写还要注意语言精准、层次清晰、详略得当。特别是专业术语的表述和使用更要科学、准确，而教学的具体步骤和常规细节则可以略写。

三、教案编写举例

家政从业人员培训教案编写举例，见表3-1。

表3-1　　　　　　　　　家政从业人员培训教案编写举例

教案主题	老人的陪护
学情分析	家政从业人员平时关注最多的是照护（饮食起居等），但对于指向幸福的"陪护"关注得不多，他们常对两种服务的本质差别缺乏清晰的感知。
教学内容分析	从教学内容上看，要理解"照护"与"陪护"的区别，了解客户的反馈信息，以深化对本次课程教学内容的理解。
教学目标	通过本课的学习，理解陪护的含义，提升学员为雇主服务的意识，树立正确的职业观，增强敬业意识、诚信意识和风险意识。
重难点	1. 教学重点：陪护老人的方法。 2. 教学难点：与老人和谐相处的方法。
教学方法	以讲授法为主、讨论法为辅。
教学准备	课件的准备，座位的安排（便于学员分组讨论）等。
教学过程	陪护老人，既能解决老人子女的后顾之忧，又能让老人得到很好的照顾，得以安享晚年。家政从业人员陪护老人的主要内容包括：陪伴老人、照顾老人饮食、照顾老人起居等相关技能。本课主要讲授老人的陪护概念和老年餐品的制作。 一、照护与陪护的区别 照护是指专门为服务对象提供的一种综合性服务，旨在帮助服务对象保持身心健康，提高其生活质量和幸福感。 陪护一般指家政和医疗行业的特殊专业护理人员为服务对象排忧解难，帮助他们树立生活信心，及时正确地给服务对象做好思想工作等。 二、陪护质量提升的基础——熟悉与老人相处的要点 照顾老人一定要了解老人。 1. 了解老人的年龄、身体状况，如曾经患过哪些疾病及恢复情况。 2. 了解老人的性格、爱好、饮食习惯等。 对这些详细信息的了解是和老人和睦相处的前提，了解了这些信息，才能够更好地去思考如何让老人心情愉快、身体健康。 【讨论】老人的个性、生活需求及陪护要点。 三、老年餐品的制作 制作老年餐品应掌握的基本原则如下。

续表

教案主题	老人的陪护
教学过程	1. 老人应多吃粗粮，少吃精粮。 2. 老年餐品当中应包含更多补充蛋白质及补充铁、钙等元素的食物。 3. 减少老年人对脂肪类食物的摄入。 4. 做好食物的调配。 5. 老人的饮食宜清淡、软和、可口。
教学小结	突出"陪护"的家政服务，需掌握以下几个问题。 1. 深刻认识陪护的服务价值。 2. 懂得老年人的心理与需求。 3. 学会老年食谱的制作。
作业布置	选择一个"陪护"老人的生活环节，编写教案，体现"陪"的核心理念。
课后反思	
备注	

第四章 家政培训教学方法与技巧

第一节 家政培训中常用的教学方法

关于教学方法的定义有很多种。我国《教育大辞典》中给出了两个解释：一个解释为教学方法是教学理论、原则、方法及实践的总称，可运用于一切学科和年级；另一个解释为教学方法是师生为了完成一定教学任务在共同活动中所采用的教学方式。现代教学论认为教学方法是教与学的统一，包括教师教的方法和学生学的方法，是教师引导学生掌握知识与技能、获得身心共同发展的方法。虽然表述不完全相同，但其内核是一致的。教学方法的选择和合理运用是保障教学效果的关键，有效的教学方法能提高课堂效率，激发学生学习兴趣，提升学生的知识、技能及多维素养。

由于教学方法的定义具有多维度性，因此从不同角度分析时教学方法的分类也会不同。例如，按照教学方法的外部形态及学生认知活动的特点，可以把教学方法分为五类，即以语言传递信息为主的方法、以直接感知为主的方法、以实际训练为主的方法、以欣赏体验为主的方法、以探索研究为主的方法。也有学者提出按层次构成分类，从抽象到具体将教学方法分为三个层次：原理性教学方法、技术性教学方法、操作性教学方法。考虑到家政培训的行业特点和对象，根据教学任务和方法职能的不同，可将教学方法分为以培训讲师讲授为主的方法（如讲授法、谈话法、案例教学法等）、以学员学习或探究为主的方法（如发现法、小组探究法、项目式学习法等）、以实际训练为主的方法（如演示法、现场教学法等）。需要说明的是，后面的这种划分只是粗略划分，其中很多方法是有交叉的，如演示法中会用到讲授法，谈话法中学员的参与度也很高；特别是案例教学法，一般以培训讲师讲授为主，虽然当前社会更加重视能力的培养，学员的学习或探究也已经占到相当的比重，但从组织形式来看还是以培训讲师讲授为主，所以我们暂且还是将案例教学法放在讲授法中。

一、以培训讲师讲授为主的方法

1. 讲授法

讲授法是培训讲师通过口头语言向学生解释概念、描述场景、叙述事实、论证观点和阐明规律的教学方法。这是使用最早、应用最广的教学方法,既可以用于讲解新知识,又可以用于巩固旧知识,而其他教学方法也几乎都需要与讲授法结合使用。

讲授法的主体是培训讲师。该方法以语言表达为主,使用门槛低、范围广,适用性强,可根据不同的教学内容和教学目标灵活使用。其优点非常显著:第一,课堂节奏主要由教师掌握,师生间形成"培训讲师输出→学员输入"的单向信息传播方式,减少了学员试错时间,课堂效率相对较高;第二,有利于培训讲师对讲授内容全面、系统地讲解,有利于帮助学员构建系统性知识网络;第三,灵活、适用性强,在教学中便于调控。但其缺点也较为明显,如忽略了学员在教学中的主体性及学员间的个体差异,难以及时获取学员反馈,容易影响学员学习的积极性。

讲授法可以分为讲述法、讲解法等。

(1) 讲述法。讲述法是培训讲师用形象的语言,向学员描述某一事例的方法。例如,在介绍婴儿抚触的手法时,培训讲师可以这么描述婴儿的反应:"通过爸爸妈妈和宝宝之间放松、柔和的皮肤接触,可以让宝宝很好地感受到与父母间的交流,给宝宝带来与父母联结的信任感与安全感。当爸爸妈妈的手指由上至下抚触过宝宝身体时,宝宝的注意力也会随着发生移动。抚触给婴儿带来类似妈妈子宫般的拥抱、安抚的感受,宝宝会在抚触操后心情逐渐平静、安定,这样也有助于建立起亲子间的亲密关系,对于爸爸妈妈来说他们也能感受到这种亲密关系给自己带来的心理的放松。"培训讲师在运用讲述法时,除了要确保讲述内容的科学性外,更应注意语言的口语化、生动化,配以抑扬顿挫、优美亲切的语调,激发与学员在感性认识上的共鸣。

(2) 讲解法。讲解法是培训讲师运用理性客观的语言向学员解释某一规律或原理的方法。讲解法与讲述法的区别在于,讲述法的语言以偏感性的描述为主,讲解法则以较理性的阐述、解释为主。在说明技能训练、智力开发等以规律性、技术性为主的内容时都可以运用讲解法。使用讲解法时的注意事项如下。

1) 语言要条理清晰,组织结构要严谨、富有逻辑性,减少不必要的助词和过于口语化的表达语言。

2) 针对不同教学对象,采用符合其心理认知特征的讲解方法。尽量使用直观、易懂的语言,可以结合总结图表、教学用具等,深入浅出地进行阐述。

3）可以运用一定的比较法、分析综合法等逻辑思维方法。例如，比较不同阶段婴儿的营养需求、消化能力、身体发育情况等，总结不同月龄婴儿辅食的选择原则等。

（3）讲读法。讲读法是培训讲师将朗读与讲述、讲解结合在一起的一种方法，主要针对一些需要重点记忆或理解的文本内容或核心概念，强调文中的某些句子结构与逻辑关系，分析不同概念之间的联系与区别，如营养学、营养素、合理营养的概念等。

2. 谈话法

谈话法是基于学员已有的知识和生活经验，通过问答谈话的方式，启发学员思考、传授教学内容。谈话法具有方便、灵活、适用性强等特点，这是谈话法与讲授法一样的地方。不过，谈话法相对讲授法来说，需要学员更多、更直接地参与，有问有答，这可以有效弥补讲授法"培训讲师长时间单纯讲述不易维持学员注意力"的缺点，更有利于激活学员的思维，培养学员分析问题、解决问题的能力，此外使用谈话法还能迅速、直接地收到学员的反馈信息，有利于培训讲师及时调控教学进程。因此，随着更加注重能力培养的教育教学改革，谈话法在教学实践中的运用也越来越多。

谈话法一般可分为两种类型：一种是问答式谈话法，另一种是启发式谈话法。问答式谈话法属于常用且简单的一种方法，主要用于对记忆性内容、操作性内容等的讲解，培训讲师和学员一问一答。启发式谈话法则脱胎于苏格拉底的"产婆术"，指培训讲师与学员在谈话的过程中，讲师并不直截了当地把知识告诉学员，而是通过讨论、问答甚至辩论方式，引导学员自己得出答案。启发式谈话法更注重对学员思维的启发，通过创设一定的"问题情境"，引导他们产生疑问并思考；或将一个较为复杂的问题分解为一系列小问题，逐步引导学员沿着问题思考，最终得出结论。

运用谈话法时要注意以下几点。

（1）问题的设置最为关键。要针对教学目标、教材内容的特点、重点、难点，以及教学对象的知识或技能水平来设置问题；问题所涉及的知识或能力范围的大小和难易度都要适中；相关的问题应有系统性和连贯性；问题要明确、具体，切忌模糊、空泛，而且要避免带暗示性，以免学员不是思考问题，而是猜测"老师的问题是什么"。

（2）把握好提问的时机和对象。提问时要面向全班，让全班学员都积极思考，然后再指定学员回答。指定对象应兼顾不同水平的学员。

（3）提问要灵活且随机应变。课前可以适当设想学员可能的回答，并做好应对准备；要根据学员回答时反馈的信息，及时调整提问的角度、范围和深度，使学员能在培训讲师的引导下顺利找到答案。

相较于讲授法，谈话法对培训讲师的要求更高。虽然培训讲师在备课时可能已设计好提问的方案，设想好多种可能出现的情况，但上课时还是不能只按"既定方针"

办，要能灵活掌握谈话的进程，遇到意想不到的情况要能灵活处理。要想自如地运用谈话法，需掌握好提问的"时机""火候"和"分寸"，不过，这并非一朝一夕之功，必须经过较长时间的教学实践，才可能做到。从这个意义上讲，谈话法确实体现了艺术性。

3. 案例教学法

案例教学法是一种以案例为基础的教学方法。案例教学的最大特点在于其真实性。由于教学内容是具体的实例，形象、直观、生动，给人以身临其境之感，易于学习和理解。案例教学法非常适合于应用性强、操作性强、需要对现实具体情境或个案分析评估的应用性学科的教学。家政学的内容与生活实践息息相关，单纯的理论培训难以满足实践技能增长的需要，因此案例教学法在家政培训中的应用非常普遍。

案例教学法最初以培训讲师讲授为主。培训讲师将需要讲解的知识或理论结合某一典型案例进行讲解。如果所选择的案例来源于工作实际、形象生动、说服力强，则有利于帮助学生理解和掌握。例如，在进行康复护理培训时，培训讲师可以通过展示某一特定护理对象的基本健康情况、家庭背景与生活习惯、所患疾病现状等，有针对性地分析护理中的注意事项和可能遇到的问题，讲解护理建议，结合案例让学员理解康复护理的主要内容及其在实践中的运用。

在现代教育理念下，案例教学法更多的是以学员参与讨论为主，其目标在于使学员学会探索知识形成过程的方法，学会通过现实案例综合运用已有的知识解决实际问题，并不断完善自身的知识体系。同样是上面康复护理培训的例子，培训讲师通过展示某一特定护理对象的基本健康情况、家庭背景与生活习惯、所患疾病现状，就目前护理遇到的主要问题引导学员进行讨论，并让学员基于自身的专业知识给出适当的护理建议，鼓励学员独立思考。因为现实案例往往没有标准答案，学员就自身的专业知识会给出不同的意见，培训讲师再进行分析总结，这样就将注重知识转为注重能力（尤其是将理论知识应用于实际的能力）。这样，通过案例教学得到的知识就是内化了的知识。

案例教学法一般包括三个步骤。

（1）准备案例。准备案例是案例教学的前提和基础。运用案例教学法，不管是以培训讲师讲解为主，还是以学员讨论为主，都应精心选择能说明问题的案例。案例选得好，教学就成功了一半。培训讲师在选择案例时要注意以下几点。

1）典型性。案例分析的目的是使学员加深对所学理论知识的理解，增强解决实际问题的能力，因此所选案例必须符合教学目标，有较强的针对性和典型性。所谓典型性，一是指案例在教学上要具有普遍意义；二是指案例为常遇到的事情，能够在一定程度上反映某一类事物的共性，这样的案例才有较强的研讨价值。

2）真实性。所选案例要来源于实际生活，且发生于常态情境下，或是从生活中筛选、提炼出来的。真实性是案例的生命力所在。

3）故事性。一个案例应该包含一个"故事"，而且这种故事须是生动的、完整的、鲜活的，甚至是"情理之中、意料之外"的。故事性强的案例才能引人入胜，并且引发大家的关注、共鸣、兴趣和思考。

4）启发性。启发性也称问题性。案例要有问题才有研究价值，才能激活思维，所以案例既要叙述情况，又要提出问题或隐含问题。

可见，案例的选择并不简单，因此培训讲师要做有心人，要经常深入一线收集素材，并根据教学要求对素材进行加工，以积累教学案例。

（2）讨论案例。讨论案例是案例教学的中心环节。培训讲师须发挥积极的引导作用，调动学员的主动性，引导学员围绕案例展开讨论，可以全班一起讨论，也可以分小组讨论。

在讨论案例时，培训讲师与学员之间是一种"师生互补、教学相辅"的关系。培训讲师将分析案例的"主权"交给学员，让学员运用所掌握的知识去分析问题，并讨论解决方法。培训讲师所起的作用类似于"导演"，对学员的分析、讨论不做过多的干预或评论，充分尊重学员的观点、想法。但要对讨论进行指导，如保证讨论不偏离主要方向及教学目标；应回答学员知识方面的问题，甚至向学员提出质疑，促使学员缜密地分析并做出合理的决策。同时，培训讲师要营造氛围，使讨论既热烈生动，又轻松自然。当观点对立、争论激烈时，要注重沟通和理解；当观点较少、氛围不够热烈时，又要善于挑起话题。此外，在讨论案例时，培训讲师应认真倾听，一方面，每个人的发言都是经过思考而做出的，培训讲师也可能从中受到启发；另一方面，认真倾听对学员而言也是一种无形的激励，学员会因此更积极主动地参与讨论，从而实现教学的双向交流。

（3）总结案例。在学员对案例进行分析、讨论并得出结论之后，培训讲师要进行归纳总结，做出恰如其分的评价。针对案例中的主要问题要做强调，使学员加深对知识点的把握；对讨论中不够深入、不够确切的地方，要做重点讲解；同时，还要特别提出通过案例分析讨论应吸取什么样的经验教训。

培训讲师在总结的过程中要注意以下事项。

1）对学员讨论交流的情况应以鼓励为主，哪怕是对于一些怪异的观点也不宜批评，而应积极引导，以防挫伤学员的积极性，不利于后续教学。

2）培训讲师不要将自己的观点强加给学员，而应通过引导、说理等方式让他们自觉接受。

3）培训讲师的总结要紧紧围绕教学目标，同时要善于总结学员讨论中成功的经验，为今后的教学服务。

需要指出的是，案例教学的目的并不局限于对所提供案例的分析与解决，而重在通过对分析、解决问题的思路、方法等的了解和掌握，使学员进一步理解非典型事物与事理，从而可以解决各种问题。案例教学是让学员从对具体案例的分析入手，去发现、挖掘案例中蕴含的理论，但学员面对的案例纷繁复杂，导致学员容易忽视案例与相关理论的比较，从而缺乏对整个理论体系的逻辑性和系统性的宏观把握。因此，培训讲师要想运用好案例教学法，就应该具有深厚的理论基础和丰富的实践经验，这样才能更好地理解案例，熟练地运用理论解决实际问题。此外，培训讲师还要有良好的沟通能力和课堂控制能力。

二、以学员学习或探究为主的方法

1. 发现法

发现法是以培养学员探究性思维方法为目标，在培训讲师不加讲述的情况下，利用基础教材，使学员通过一定的发现步骤进行学习的一种教学方法。其指导思想是以学员为主体，使学员在培训讲师的启发下，完成认识过程。

发现法的思想渊源可上溯到苏格拉底的"产婆术"，但作为一种教学方法，是美国著名认知心理学家布鲁纳提出的。布鲁纳认为，"'发现'不限于寻求人类尚未知晓的事物的行为，确切地说，它包括用自己的头脑亲自获得知识的一切形式。"他认为教育工作者的任务就是让学生进行发现学习。

发现法又称探索法、研究法，指教师在学生学习概念和原理时，只提供一定的问题情境与学习材料，引导学生进行独立的探索、研究活动，自行发现并掌握相应的原理和结论，从而培养学生独立学习的方法。教师扮演学习促进者的角色，引导学生对情境发问并自己收集证据，进而有所发现。发现学习的步骤一般如下。

（1）创设问题的情境，并提出要求和待解决的问题。

（2）学生利用教师提供的材料，对提出的问题进行解答、假设。

（3）从理论上和实践上检验假设，不同观点可以争辩。

（4）对争论做总结，得出必要的结论。

布鲁纳在其著名的《教育过程》一书中说明发现法的原理时，曾举了一个例子——芝加哥的地理位置。首先教师拿出一幅标注有河、湖、山脉、城镇、矿区等内容的地图，但图中没有标出芝加哥这一城市的位置。接着教师启发学生观察地图并思考：大城市芝加哥应该在图中的什么地方。学生通过自己观察、发现、思考，提出了芝加哥可能所在位置的几种不同的观点，并说明理由，展开辩论。最后教师让学生打开课本和地图，找到芝加哥的正确位置，并总结有关城市布局方面的基本原则。从这个例子可以看出，在发现法教学中，教师不是将已知的结论与规律告知学生，而是先引入一定的情境把问题抛给学生，再通过补充适当的材料，结合学生已有的知识基础，引导学生厘清解决问题的思路。

布鲁纳认为发现法有以下优点：能增长学生的智慧，激发学生的潜力，对培养学生的观察力、思维力、想象力都有好处；能促使学生产生学习的内在动机，激发学生学习的兴趣；能使学生学会发现的试探方法，能培养学生的探索发现精神及提出问题、解决问题的能力，能树立学生创造发明的意识；由于学生自己把知识系统化、结构化，所以能使学生更好地理解、巩固和运用所学内容。但也有研究指出，不能把学生的学习方法和科学家的发现方法完全等同起来：发现法适合于那些能引出多种假设、原理的学科，并不是对所有学科都是有效的；发现法需要学生具有相当的知识、经验和一定的思维发展水平，并不是对任何学习都是适用的。此外，发现法需要向学生揭示他们必须学习的有关内容，耗时较多。

由于家政培训中有的学员工作经验比较丰富，对于这样的学员，采用发现法教学有很多益处，可以选择合适的主题进行尝试。

2. 小组探究法

教学过程不仅仅是培训讲师教的过程，也是学员学的过程，随着教育理念的发展，学员间的交流与合作越来越得到重视。小组探究法就是一种重视学员合作学习的教学方法，是指教学过程的所有环节以小组活动为核心，促进学员在异质化小组中彼此互助、共同完成学习任务，并以小组成绩作为教学评价的参考依据。通过组内成员间的交流与合作，使学员取长补短、互帮互助，潜移默化地形成尊重、理解、帮助他人的良好品质，锻炼学员在集体中的适应能力。

小组探究法的实施要注意以下几点。

（1）小组探究的重点在于合作学习小组的建立。通常情况下，合作分组遵循"组内异质、组间同质"的原则。组内异质是为了保证小组能够根据成员的不同性格、能力进行合理的分工与合作，培训讲师分组时可以综合学员学习能力、性格和心理特点、男女比例，甚至家庭背景等进行多方面考虑。组间同质是为了保障整个班的学员共同完成学习任务时的相对公平竞争。

（2）要适度安排每个小组的人数。一般四人以上即可构成合作的基本条件，但人数也不宜过多，否则每个成员参与探究活动的机会较少，对小组探究的协调难度要求

也较高。

（3）小组探究法虽然是以学员为主体的教学方法，但这类方法往往会对培训讲师提出更高的要求。在进行小组合作探究前，需要培训讲师依据学情、教情进行合理的分组与调配；在分组合作过程中，培训讲师也要起到指导和协调的作用。在学员分工完成学习任务时，培训讲师需要时刻关注各组情况，把握好不同小组的学习进度，并在某一组遇到问题时及时地进行指导，在最后汇报时还要引导学员进行自我总结和评价，可以说培训讲师在小组探究法里扮演着不可或缺的角色。

小组探究法具备许多其他教学方法难以起到的作用。一方面，小组探究增加了学员间的交流与合作，使得学员能在组内交往中认识到自己的不足和长处。另一方面，小组合作的形式满足了学员的"表现欲"和"归属感"，避免了传统班级授课中部分学员长期得不到充分参与课堂活动的机会而处于课堂与教学中的旁观者地位。但这种教学方法也具有一定的局限性，如在小组探究中，组内交流远远多于组间交流，这就产生了小集体主义的倾向。另外，小组探究多适用于小班教学，对于一些需要进行集体教学、高效教学的情况，小组合作探究往往因为培训讲师对课堂的把控程度较低而难以实现。因此，合作式的小组探究只是教学的一种形式，需要与传统教学有机结合、互相补充才能充分发挥其作用。

3. 项目式教学法

项目式教学法也称项目式学习法（project-based learning，简称为 PBL），是一种以学生为中心、以问题为导向的教学方法。项目式教学法最显著的特点是以项目为主线、以教师为引导、以学生为主体，这一方法有助于提高学生的团队合作能力、动手能力、计划和执行项目的能力、领导力及创造力，在各国的教育教学中被越来越多地采用。

项目式教学指在培训讲师的指导下，将一个相对独立的项目交由学员完成，从信息收集、方案设计、项目实施到最终评价，都由学员自己负责，学员通过项目的进行，了解并把握整个过程及每个环节中的基本要求。项目式教学的特点是把整个学习过程作为一个具体的项目，设计出相对应的项目教学方案，按行动回路设计教学思路，不仅传授给学员理论知识和操作技能，更重要的是培养他们的职业能力。与案例教学法相比，项目式教学是以一系列的任务为主线，以学员为信息收集、方案设计、最终评价的主体；而案例教学中的案例则相对孤立，一般讲师起到教学的引导与组织材料的核心作用，所以讲师在案例教学中仍然占据讲授主体地位。以康复护理为例，案例教学法中一般仅从康复护理学角度进行讨论，而项目式教学则可能要求学员进一步从多专业联合的角度进行分析，以医疗康复为主，辅以社区康复、教育康复、职业康复、心理康复等知识，设计一个完整的康复方案，甚至持续跟进这一案例，并就后续反馈进行实时的修正,从而完成一个立体多维的康复项目。

由此可见,与案例教学法、小组探究法相比较,使用项目式教学法应该满足以下条件:项目完成过程可用于学习一定的教学内容,具有一定的应用价值;能将某一教学课题的理论知识和实际技能相结合;与现实的经营活动有直接的关系;学员有独立进行计划工作的机会,在一定的时间范围内可以自行组织、安排学习行为,克服、处理在项目工作中出现的困难和问题;具有一定的综合性,所设置的项目往往包含多门课程的知识,不仅要求学员会应用已有知识、技能,还要求学员能运用新学习的知识、技能解决实际问题;有明确而具体的成果展示,学习结束时,师生共同评价项目工作成果。

在一个 PBL 当中,一般包含五个主要环节,如图 4-1 所示。

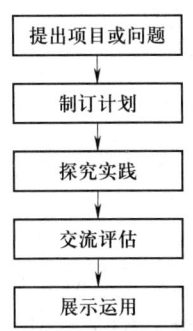

图 4-1 项目式教学法的主要环节

(1) 提出项目或问题。通常由培训讲师提出一个或几个项目任务设想,然后学员一起讨论,最终确定项目的目标和任务。在设计项目或问题时要考虑以下几点:要包含重点的知识和技能,因为项目式学习的目标之一是让学员掌握重点知识和技能,并运用其解决问题;要具有真实性,应把项目与现实结合起来,引导学员对真实世界进行思考和观察;设计的问题应具有挑战性,每个项目都应该引导学员提出有意义、有挑战性的问题;可持续设问,应当为学员提供"提问→寻找资源→应用信息→再进一步提问"的学习环境。

(2) 制订计划。由学员制订项目工作计划,确定工作步骤和程序,并最终得到教师的认可。

(3) 探究实践。学员确定各自在小组中的分工及小组成员合作的形式,之后按照已确立的工作步骤和程序工作。在制订计划、探究实践环节中,培训讲师都要起到引导学员的作用。与其他教学方法相比,教师在整个项目式教学中,更像是学员学习的协助者,为学员提供正确的引导,帮助学员顺利完成项目。

(4) 交流评估。这是一个反思的环节。先由学员进行自我评估,之后再由培训讲师对项目工作成绩进行检查评分。师生共同对所学的知识点、项目完成的有效程度进行评价和反思，找到可以改进和提高的地方。学员通过反思中得到的反馈不断修改项目内容，或完成项目产出的迭代。

（5）展示运用。与其他以学生为主导的教学方法显著不同的是，项目式教学有明确而具体的成果。项目完成后，学员以各种不同的形式公开展示研究的成果。而且，作为项目的实践教学产品，应尽可能具有实际应用价值，并将其尽可能应用到企业和学校的工作教学实践中。

在项目式教学中，学习过程成为一个人人参与的创造实践活动，注重的不仅仅是最终的结果，还有完成项目的过程。学员在项目实践过程中，理解和掌握课程要求的知识和技能，体验创新的艰辛和乐趣，培养分析问题和解决问题的思想和方法，这才是项目式教学法的核心理念。

三、以实际训练为主的方法

1. 演示法

演示法是培训讲师在课堂上通过展示各种实物、直观教具或进行示范性操作，让学员通过观察获得知识与技能的方法。演示法通常配合讲授法、谈话法等教学方法，能显著提高学员学习兴趣，具有直观、形象、具体的特征。

随着信息化和现代技术的发展，演示法的手段与种类也日益繁多。除了传统的教具、模型演示外，借助幻灯片、录音、录像和教学电影的演示也成为课堂中较为常见的演示方法。

相较于物理、化学等基础学科，家政培训中演示法的运用更偏重于操作示范。这样的教学方法不再以文本类教材为依托，其核心是经验性的技能传授。在演示的过程中，培训讲师要引导学员进行观察，把学员的注意力集中于对象的主要特征、事物的发展过程等；要重视演示的适时性；结合演示进行讲解和谈话，使演示的事物与书本知识的学习密切结合。

2. 现场教学法

现场教学法是以现场为中心、以现场实物为对象、以学员活动为主体的教学方法。现场教学法的思想核心来源于杜威和陶行知的"做中学"理论。杜威是美国著名的哲学家与教学家，他的理论成为现代教育理论的代表，区别于传统教育以课堂、教材、教师为中心的"旧三中心论"，提出了以儿童（学生）、活动、经验为中心的"新三中心论"。杜威的"教育即生活""教育即生长"等观点，符合中小学阶段的课堂，且其"以经验为中心"的理论思想与家政教学的本质是完全相符的。陶行知早年师从杜威，在杜威思想的基础上，进一步发展了自己"做中学，学中做，教、学、做合一"的教学主张，将"教育即生活"转变为"生活即教育"。学生的学习不仅要有教师的教、学生的学，还要求学生发挥主观能动性，自主学习。现场教学法为学生创造了基于现实的课堂场景，鼓励学生通过自发的观察、尝试、总结，从生活实际中获取经验，再抽象总结为自己的知识累积。

现场教学法的时间、形式不像课堂教学那样固定，常依教学任务、教材性质、学员实际情况和现场具体条件等而定。通过现场观察、调查或实际操作，丰富学员的感性认识，促进学员对理论知识的进一步理解和掌握，培养学员将知识用于实践的能力。现场教学法在家政培训教学中比在其他学科或行业中更具有突出地位。现场教学法能够在课堂上提供一个现实情境，提出一个需要解决的问题，并且鼓励学员通过实际操作的方式获取直接经验，培养其将理论应用于实际的能力，提高学员解决实际问题的能力。

现场教学法的运用需要注意以下几个方面。

（1）培训讲师必须明确教学目标，为学员分配合理、具体的教学任务。

（2）准备要充分，现实场景往往比课堂中的理想化情境更复杂多变，培训讲师需要预先考虑到各种特殊情况或突发事件，引导学员做好必要的知识或技能储备。

（3）现场教学中重视对学员的引导与帮助，不能单纯地放任学员自行尝试，或只注重过程的体验，而缺乏必要的系统性总结和提炼。

第二节　引入新课的方法与技巧

引入新课，又称课堂导入。从教育学意义上来理解，"导"就是引导，"入"就是进入学习。新课的导入是正式教学的启动，指培训教学开始之时，针对本节课的教学目标，培训讲师有目的、有意识地引出新课，突出本节课的教学主题，吸引学员注意，引导学员进入学习状态。常言道："好的开头是成功的一半。"课堂导入是课堂教学的第一个环节，一堂好课如同一篇优美的散文，开头便要精彩，引人入胜。新课导入在课堂教学中起着非常重要的作用，应当引起重视。

著名教育家苏霍姆林斯基说过，如果老师不想办法使学生达到情绪高昂的、智力振奋的内心状态，就急于传授知识，那么这种知识只能使人产生冷漠的态度，而不动感情的脑力劳动就会带来疲劳。实践证明，积极的思维活动是课堂教学成功的关键，而富有启发性的导入可以激发学习者的兴趣，引起学习者对新内容的热烈探求，变被动为主动，变无意注意为有意注意，使学习能动性得到充分发挥。可以说，一堂课导入的成与败直接影响着课程的教学效果。

针对不同的教学内容和教学对象，培训讲师需要选择合适的新课导入方法。常用的新课导入方法有直接导入法、联系实际导入法、情境导入法、设疑导入法、悬念导入法、类比导入法、直观教具导入法等。

一、直接导入法

直接导入法，又称为"开门见山导入法"，即培训讲师在课堂开始时就直接点明要讲的课题、教学目标、学习的主要内容和重点、难点，以引起学员的有意注意，使学员直接进入学习状态。

直接导入法的优点是简洁明了，有利于学员在第一时间清楚学习目的，了解学习任务，但由于直接导入法不是通过启发或引导的方式使学员逐步进入新课，而是由培训讲师直接说明学习内容和要求，这样的引入方式往往对学员素质要求较高，适合具有强烈学习兴趣的学员。

在实际教学中，直接导入法是最常见的新课引入方法。由于来参加家政培训的学员目标一般都比较明确，学习的兴趣和自觉性都比较高，绝大多数情况下都可以采取直接导入法。例如，在介绍家居保洁时，培训讲师可以开门见山地点明主题："本节课将会详细介绍进行家居保洁时需要解决的主要问题和保洁方法，包括针对灰尘、污垢、皮屑和毛发等不同污物的解决方法，家居保洁的基本顺序和最后的验收标准。"通过对本节课内容进行简短扼要的说明概括，突出重点和主题，便于学员理解记忆。

二、联系实际导入法

联系实际导入法是培训讲师从实际生活中寻找与课堂内容相关的事例，利用学员所熟悉的现象和亲身经历引入新课的方法。

家政培训具有与实践相结合的特征，培训内容与日常生活联系非常紧密，因此从学习者熟悉、亲身体验过的内容出发，能很好地起到激发兴趣、寓教于乐的作用。

联系实际导入时要注意切实考虑学员的生活经历，不能为了导入而导入，使例子变成空中楼阁，华而不实。可以从日常生活经验、常见"小妙招"当中挑选，例子不一定都是正面的,也可以举一些学生熟悉、常犯的错误,甚至可以是因为危险操作导致的意外事故。

在讲保洁程序这一内容时,可以参考以下两种导入的角度。第一种,可以联系生活中我们做日常家居保洁时的顺序进行导入。例如:"大家在家里打扫卫生,尤其是做地面清洁时,是不是都会先扫地,再拖地?先打扫靠里的房间,如卫生间、卧室,再去打扫靠外的房间,如客厅、餐厅?这其实就是我们要讲的保洁程序的一部分。只有保洁程序合理,劳动才能起到事半功倍的效果。这节课我们要讲的内容就是怎样合理安排保洁程序。"第二种可以从反例出发进行导入。例如:"很多学员在做开荒保洁时,经常因为觉得厨房和卫生间是重点区域,需要比较多的时间,所以保洁时先打扫这两个房间,可这样的保洁程序符不符合开荒保洁的原则?正确、完整的保洁程序是什么样的呢?这就是我们本节课要讲的内容。"

三、情境导入法

情境导入法是利用语言、环境、活动、设备等创造一种符合教学需要的情境,以激发学员兴趣,诱发求知思维,使学员处于积极学习状态的方法。

教学情境不同于教学环境。教学环境是由学校建筑、课堂、图书馆、实验室、操场及家庭中的学习区域所组成的学习场所,而教学情境则是由教师预设、师生共同生成,并与教学内容呈现及教学组织相关联。美国学者麦克莱伦认为,情境可以是真实的工作场景,也可以是高度真实的或真实工作环境的"虚拟"场景,或可停留的场景(如录像)等。在实际教学中常用到的情境主要有故事情境、社会事件情境、实验情境、虚拟情境等。

1. 故事情境

在早期教学中,情境多由教师通过语言表达,引导学生通过想象的方式构建,这就是通常所说的故事情境,这种情境导入法也称为故事导入法。故事对人有着特殊的吸引力,上课开始,培训讲师可运用与教学内容有关的故事将学员带入情境,引发学员思考,从而使学员自觉地进入学习角色。除故事外,还可以用文章、诗歌、谚语、谜语等导入,这些都可以起到点明主题、渲染氛围、创设情境的作用。

2. 社会事件情境

社会事件情境是最接近现实的一种情境,因为社会事件本身就脱胎于实际发生的事情。通过导入具有时效性、典型性的社会事件,将课堂内容与实际生活紧密结合起

来，使学员迅速进入学习状态。

3. 实验情境

如果说前两个情境仍然是以现实为基础，实验情境就更接近于实验室中的理想化条件，适用于一些原理性知识的说明。例如，水泥是开荒保洁中经常遇到的污渍，盐酸能够溶解水泥，但也会与瓷砖勾缝剂发生反应而使之断裂。通过实验展示盐酸、水泥、勾缝剂三者之间的反应，简单明了地说明化学反应在家政保洁中运用的重要性，进一步引发学员的探索欲。

4. 虚拟情境

随着信息技术的发展，虚拟情境得到越来越广泛的运用。培训讲师可以通过录音、图片、影像、动画等多媒体手段，根据教学需要建立一个理想化的、不一定与现实完全相符但有助于解决教学问题的情境。

四、设疑导入法

设疑导入法也称问题导入法。古人云："学起于思，思源于疑。"疑是学习的起点，有疑才有问、有思、有究，才有所得。利用问题，产生疑惑，激活思维，是常用的导入方法。因此，培训讲师导入新课时，应向学员巧妙地设置疑问，有意使学员暂时处于困惑状态，使学员的思维得到启发并活跃起来。设置疑问就好像给学员说出一个"谜面"，使学员想办法去揭开谜底或急于想听老师说出谜底一样，可以引导学员积极思考、勇于探索。

设疑导入法的主要目的是引发学员思考，调动课堂氛围，激发学员好奇心。提问题可以选择一些家政培训中的常见现象，如开荒保洁中如何处理玻璃胶、油漆点，如何清理地漏等死角。学员有过感同身受的经历，才会有对问题答案的探究欲。

设疑导入法作为一种被广泛使用的导入方法，具有许多其他导入法难以取代的优点。

1. 普适性

设疑导入法门槛低，适用性广泛，无论什么学科、什么内容，都能找到引发疑问的切入点。设疑导入法也能与其他导入法结合使用，培养学员的批判性思维。

2. 针对性

设疑导入法以问题为主线，层层递进，环环相扣，可以有目的地激发学员的兴趣，并为教学聚焦服务。所以，设疑导入内容要根据教学内容、教学目标定制，要与教学目标有强关联性，还要考虑不同学员的心理特征、知识能力基础、兴趣爱好的差异程度。

3. 趣味性

设疑导入法能激发学员的学习欲望，使学员产生学习的内驱力。在设计问题时，通过抛出一系列问题，给学员一种"先声夺人"的感觉，使其迅速把兴奋点转移到教学内容上。

在运用设疑导入法时要注意的是，问题切忌量多质差、缺乏现实意义，最好抓住1~2个核心问题、关键问题导入，再逐渐展开讲述，而不是面面俱到，把本节课要讲述的问题平铺直叙地都列出来。还是以开荒保洁为例，可否用以下一系列问题导入呢？

什么是开荒保洁？

开荒保洁与普通保洁的区别是什么？

开荒保洁需要哪些工具？

开荒保洁要注意什么？

虽然这些问题都是讲课中要涉及的，在一定程度上起到串联课堂教学内容的作用，但问题平平，难以调动学员的兴趣，如果用于课堂导入效果就不会很好。

五、悬念导入法

悬念导入法指提出带有悬念的问题来导入新课的方法，能够激发学员的求知欲，在悬念中既巧妙地提出了学习任务，又创造出探求知识的良好情境。

悬念导入法与设疑导入法的区别在于：设疑导入时教师围绕教学主题设置疑问，使学员带着问题学习课程内容，开展思维活动，由此来导入新课；悬念导入法的重点是造成认知冲突，使学员思维进入惊奇、矛盾的状态，产生悬念。可以说，"设疑"导入可使学员处于暂时的困惑，"悬念"导入则更能激发学员的兴趣和强烈的求知欲。"悬念"通常贯穿整节课，在结尾处才使学员恍然大悟。"悬念"应出乎意料、展示矛盾或令人不解，在"疑问"的基础上更要"悬"，才能牢牢吸引学员的注意力。悬念的设置又要恰当与适度，不"悬"会使学员一眼望穿，则无念可思；太"悬"会使学员无从下手，也就会无趣可激。悬念导入法是利用学员的期待和渴求，抓住他们的注意力，使他们在学习和思考中体验问题得以解决的快乐和愉悦。

需要说明的是，并不是所有讲解的内容都可以设置悬念，培训讲师在备课时要知道这是一种课堂导入的方法，时刻注意去挖掘教学内容，若能以某种悬念导入，再层层深入地进行分析讲解，一定能牢牢抓住学员的关注点和兴奋点。

六、类比导入法

类比导入法又称类比联想导入法，有点类似温故知新法。不同的是，温故知新法是通过复习已学知识，以旧带新，自然过渡，通过复习已学过且与新课有关的知识导入新课。类比导入法要求更高，是选择两个有类似属性的对象，而且已经了解了其中一个对象的性质，进而导入另一个对象。采用类比导入法，不仅简洁明快，而且能高效地调动学员思考的积极性，在比较中既有利于学员对所学新知识的理解，还能帮助学员在某一领域形成一定的思维结构。瑞士心理学家、发生认识论创始人皮亚杰在认知发展理论中提出图式的概念，他认为个体能对客体的信息进行整理、归纳，使信息秩序化和条理化，从而实现对信息的理解，并将此称为图式，他还认为图式的发展水平能直接反映个体的认知水平。当个体接触到一个新的刺激，如学习新的知识时，能通过同化与顺应把知识整合到自己原有图式，或对原有图式加以修改或重建，使得个人拥有的图式得到扩增。类比导入法就是基于个体原有认识，通过对比新、旧知识的差异与相似，扩增图式，形成学科思维结构。

类比导入法在家政培训中同其他方法一样得到广泛使用，常见的有：类比老年护理日常饮食，导入婴儿饮食搭配；类比开荒保洁，导入家居保洁的重点和标准；等等。用类比导入法导入课题，要求培训讲师从内容、形式、方法等各个方面把握所选中的两个类比对象，并通过具体实例和进一步讲解，让学员分辨类比对象的异同，而不能将两者混为一谈。另外，培训讲师在讲课中要注意，类比只是导入新课的工具，要明确本节课的教学重点在于新内容的讲解，而不能过于注重两者的对比。

七、直观教具导入法

直观教具导入法是培训讲师在课堂上通过展示实物、模型等直观教具，为学员提供感知材料，丰富学员感性认识，发展学员的观察能力和思维能力的导入方法。直观教具的类型有实物，即直接呈现与教材、教学内容有关的实物；也有模拟实物，包括标本、模型、其他复制品，如展示房间模型用以说明清洁顺序和重点；针对一些难以直接展示的事物，可以通过现代化设备，如幻灯片、录像等形式进行展示，如介绍病人护理时展示床具、轮椅等大型医疗器具的使用。

直观教具导入法的直观性特征，避免了单一的语言手段、抽象概念使学员产生的理解障碍，让学员能通过自身的观察与接触，如通过听觉、视觉、触觉等多方面的刺激,先形成对具体事物的感性认识,再借助培训讲师的讲解进一步提炼,形成抽象、概括的理性认识。尤其是一些专业性较强的操作技能,容易使学员产生畏难心理,而通过与直观教具的接触,能很好地激发学员的兴趣,并使学员对陌生事物产生自然的好奇心理,从而增强他们学习的主动性。培训讲师在使用直观教具导入法后,应与讲解结合起来,指导学员的观察活动,提供给学员不能直接感受到的知识,分析现象的实质,使感性认识与理性认识结合起来。

总之,培训讲师善"导",学员方能"入"。无论是设计情境以引发学员的学习动机,还是提出问题以启发学员的思维,目的都是唤起学员的求知欲,所以课堂导入要短小精悍,达到目的即进入正题,切记拖拉,影响新课教学。另外,不是每一节课的内容都能有比较巧妙的导入,所以也不一定每一节课都要绞尽脑汁地去设计课堂导入。

第三节　课堂提问的方法与技巧

提问是培训教学中必不可少的一部分,课堂提问不仅是培训讲师的一种教学技能,也是在师生交流中使思维火花碰撞的一门艺术。通过提问,可以引起学员注意,促进其发散思维,并巩固知识、运用知识,以实现教学目标。我国教育家陶行知曾说过,"发明千千万,起点是一问"。德国教育家第斯多惠也说过,"教学的艺术不在于传授本领,而在于激励、唤醒和鼓舞"。因此,培训讲师课堂提问能力的高低,直接影响着教学质量。低水平的课堂提问,只是机械地检查记忆性知识,不能对学员的思维进行启迪,达不到用提问引起课堂中思想的交流与探讨、碰撞与共鸣的效果;高水平的课堂提问,不仅可以提升知识传授的效率,更是师生关系的推动力,能营造出如沐春风的课堂氛围,包容学员错误,激发学员昂扬的学习激情,让学员自己找到解决问题的钥匙。

一、课堂提问的类型

对课堂提问的各种分类大多起源于美国著名的教育家、心理学家布鲁姆的认知领域的问题分类。布鲁姆按照认知分类将提问由低到高分为六个水平层次:知识(记忆)水平、理解水平、应用水平、分析水平、综合水平、评价水平。培训讲师在课堂中应以金字塔的形式,灵活运用这六种提问。

1. 知识（记忆）水平提问

知识（记忆）水平提问要求学员通过回忆已掌握的知识来回答问题，答案往往不在课本材料上，就在培训讲师先前已阐述过的内容中，学生不需要深入思考就可以直接作答。例如，"婴儿几个月开始可以加入辅食？""糖尿病人应该注意避免食用什么类型的食物？"知识（记忆）水平的提问可以用来检查学员是否掌握了所学内容，但给学员留有的思考空间有限，因此在课堂上不宜过多使用，一般作为课堂讲授阶段培训讲师对学员新知识掌握程度的了解手段。

2. 理解水平提问

理解水平提问要求学员能用自己的语言，对所学知识或一件事情进行叙述，将知识从一种形式转化为另一种形式。通过理解水平提问对所学知识进行初步加工，可帮助学员加深理解。例如，"你能用自己的话叙述一下开荒保洁的流程吗？""玻璃清洁的步骤有哪些？"学员作答与培训讲师理答的过程是对新授知识的再组织，而不是重复一遍课本上的内容。该提问类型一般用于讲授新课之后，检查学员理解知识的程度，帮助学员形成符合自身认知逻辑的知识图式。

3. 应用水平提问

应用水平提问要求学员把所学的概念、原理、规则、理论等知识应用于某些问题。应用水平提问主要用于学习程序性知识的过程中，其核心是创设情境，并且引导学员将课堂内的知识迁移到新问题情境中进行应用。和前两种提问类型相比，应用水平提问属于较高层次的认知提问，它不仅要求学员对已知信息进行归类分析，还要求进行加工整理，达到透彻理解和系统掌握的目的。

培训讲师在应用水平提问中，经常使用的关键词有"应用""运用""举例说明""根据""解释"等，如"应用营养金字塔原理设计一份三餐食谱""举例说明中国居民可能缺乏的营养元素"等。使用应用水平提问时要注意问题情境的选择，问题最好与课堂内容有一定的联系，方便学员进行一定的延伸。从知识在现实中如何应用的角度进行提问，能最大程度地提高学员对知识的理解和掌握。

4. 分析水平提问

分析水平提问是要求学员识别条件与原因，或者找出条件之间、原因与结果之间关系的较高层次的思维活动，可用来分析知识的结构、因素，弄清楚事物之间的关系或事项的前因后果。这类提问要求学员能组织自己的思维，运用批判思维，分析提供的材料，寻找根据，进行解释、鉴别或推理，从而确定原因。这类提问源于教材又高于教材，能拓宽学员的思路，提高学员的思维能力。分析水平提问中培训讲师常用的关键词有"为什么""怎么样""证明分析"等。

分析水平提问对学员的逻辑和推理能力有一定的要求，学员不仅要掌握基础的记忆性知识，更要具备一定的批判性思维，能够分析新学知识的结构、因素，厘清事物间的逻辑关系和前因后果。学员在回答时，往往不能一步到位，培训讲师可以通过侧面提示，帮助学员拓展思路，或提高回答深度等。分析水平提问的目的是培养学员分析能力，培训讲师理答时也要注意突出思路而非记忆性的知识细节。

5. 综合水平提问

综合水平提问要求学员在记忆中检索与问题有关的知识，能够对知识形成整体性的理解，并将这些知识以一种创造性的方式结合起来，形成新的联系。例如："我们如何提高产妇的幸福感，降低产后抑郁发生的可能性？"与分析水平提问相比，综合水平提问对学员的创造性思维提出了更高要求，它所考查的是学员对某一课题或内容的整体性理解，要求学员能预见，能创造性地解决问题。学员不仅要掌握知识、应用知识，更需要在课本知识的基础上深入思考，提出自己的想法，因此综合水平提问能显著提高学员的思考深度，对学员思维能力和创造能力的培养具有重要作用。

综合水平提问适合在课堂讨论、合作学习、探究学习等学习方式中运用，培训讲师在提问后应留给学员足够的时间去思考，学员思考的过程往往比他们最终呈现的答案更有教育意义。此外，培训讲师还应注重学员间的合作探究，使学员不仅能综合利用已有知识来解决问题，还能通过同伴间的思维互补来激发想法，解决问题。

6. 评价水平提问

评价水平提问可以帮助学员根据一定的标准来判断材料的价值，它要求学员对一些材料、问题解决方法、观念和行为进行自己的价值判断或选择，也要求学员能够提出自己的见解。学员要对事物进行判断和评价，必须对此方面的知识有深入的理解，并能综合所学知识，产生新的想法，即自己对某事物的独特看法或观点，因此评价水平提问对学员的要求是最高的。

进行评价水平提问前，培训讲师必须让学员建立正确的观念或了解评价的原则，以观念或原则作为其评价的依据。进行评价水平提问时，首先要求学员答出对有争议问题的看法、评价他人观点等，如"大家想想某某同学的设计可行吗？""你认为弗洛伊德的精神分析理论对婴幼儿教育有什么意义？"。其次，要求学员对一些解决问题方法的优劣进行判断,如"你认为养成婴儿抱睡习惯是好处多还是坏处多?"。在这类问题中,培训讲师常用的关键词是"判断""评价""证明""看法"等。这类问题的提出不宜只停留于简单的判断层面,而需要培训讲师通过追问"为什么""还有其他原因吗""从……角度来看这个问题会怎样"等,使学员意识到问题的复杂性,促使他们从不同的角度去认识、分析和评价问题。

从课堂提问类型的调查中发现,培训讲师的提问多偏向低层次,绝大多数只需要学员直接回忆课文出现的信息。研究表明,培训讲师所提的问题中,大约60%要求学员记忆信息,20%要求学生进行思维,20%属于推进教学过程发展。

二、课堂提问的基本要求与技巧

在常见的班级授课制度下,即使是一个班的学员,其知识基础和思维能力及理解、分析、解答问题的能力也会有所不同,在家政培训课堂中,这个问题会进一步放大。因此,课堂提问类型的选择一定要照顾到不同层次学员的能力水平。此外,培训讲师提问的目的不仅仅是得到一个答案,更重要的是让学员更好地掌握已学过的知识,并能培养分析问题、解决问题的能力,使学员思维能力得到更进一步的发展。但是若缺乏提问的技巧和能力,很可能会使教学提问成为无效提问,不仅影响学员的理解,还不能发挥课堂提问的引导、激发作用。可否只是在课堂上为提问而提问?不可,启而不发,流于表面,发挥不了课堂提问的深层作用。进行课堂提问,可以从以下几个方面入手。

1. 提出更少的问题

培训讲师对于课堂提问存在着一些常见的误区,如:单一的讲授法仅用于"教条、过时、以培训讲师为中心"的课堂,提问是"民主的、以学生为中心"的课堂的体现;培训讲师提问越多,学员上课就会越努力,思维越集中,学到的东西也越多等。正是这样的错误认知,使得培训讲师在课堂上"为了提问而提问",学员忙于应付,根本无暇思考。提问作为课堂教学活动中师生互动、生生互动的主要形式,培训讲师在追求"量"的同时,不能轻视提问的"质"。"满堂问""满堂答"从表面上看好像学员已积极参与到教学之中,但培训讲师没有给学员提供自主学习、独立思考的空间,学员只是被动地跟着培训讲师的提问走,而且提问不可能关注到全体学员,学员的实际参与程度较低,最终降低了课堂的教学效率。

2. 提出更好的问题

有些培训讲师的提问缺少"悬念",所提的问题要么只有一个答案,要么就是

"是不是""对不对"等根本无须学员思考的问题,且基本都是一些事实记忆类问题。这样简单的可以集体回答的问题,虽然在场面上显得课堂氛围热烈,学员参与度高,但对于引发学员的深度思考没有帮助。还有一些培训讲师的提问类型单一,问题间缺乏联系和层次感。培训讲师具体应该怎么做才能提出更好的问题呢?

可以按照是什么、为什么、怎么做的顺序提问,这样不仅可以通过问题的组织讲解清楚新知,而且问题间存在一定的逻辑关系,对帮助学员理顺知识体系具有重要作用。例如,讲解孕妇饮食搭配时,可以这样先后提问:"叶酸是什么?""为什么孕妇需要补充叶酸?""孕妇应如何科学补充叶酸?"。

应提升问题的深度和质量。根据前文所述六种提问类型,大部分培训讲师局限于提出知识和理解水平层次的问题,而很少提出综合、评价水平的问题。有些培训讲师为了课堂效果,避免或很少提出学员知识水平以外的问题,但重复已学得的知识不能使学员的思维得到进一步发展。培训讲师可以适度地提出一些高水平的问题,再通过为他们提供一系列的线索,将这个"大问题"分解为一连串的"小问题",并引导他们得出最终答案。

3. 使用等候时间

当培训讲师提出一个问题后,假如学员不能马上给予回应,多数培训讲师可能会重复这个问题或加以解释或点名其他学员回答,这样的提问没有考虑到学员需要思考和反应的时间,处理不好会大大打击学员思考的积极性,因此培训讲师要学会使用等候时间。等候时间分为两种:第一等候时间,即在提出一个问题后让学员考虑答案的时间;第二等候时间,即在一个学员回答之后,培训讲师肯定或否定其答案,然后再继续进行下去的时间。研究发现候答时间对学员与培训讲师都相当重要。心理学家经过对比实验发现,给提问过程增加等候时间(3秒或更长一些),会对学员的语言行为产生很大的效果。因此,特别是培训讲师在提出一个相对较高水平的问题后,应该留出足够的候答时间。当学员有充足的时间进行思考和组织语言时,他们往往更愿意回答,且在回答时能展现出更多的自信,往往还能给出综合性水平更高的答案,这可大大增强学员的成就感。

4. 给予有效的反馈

当学员回答问题时,他们往往期待听到老师的评价。有些培训讲师对学员的回答不给予评价,就马上提出第二个问题;有的评价含糊其词;有的只纠正学员回答中错误的部分,不对正确的部分进行肯定,这些都是不正确的反馈。

当学员做出正确的回答时,培训讲师应及时给予肯定和表扬,且最好能根据他的回答进行理答或评价,而不是简单地说"很好""不错"。例如,"这位同学提到了……这是个很容易被忽略的点,他的回答非常细致""这位同学的答案逻辑非常清晰,表达得很清楚"等,学员得到了针对自己回答的具体评价,能极大地提高课堂发言的积极性。假如学员回答问题不够完善或给出了错误回答,培训讲师也不要马上给出正确答案,或直接找另一位同学纠正,而应对这位学员给予适度的启发和提示,化难为易,引导他做出正确的回答,再进行肯定,这样可以使学员感到自己是有能力解答这个问题的,提升其自信心。

第四节 互动控场的方法与技巧

现代教育理念认为,培训讲师本领的高低不在于是否会讲述知识,而在于是否能激发学员的学习动机,唤起学员的求知欲,使他们兴趣盎然地参与到教学过程中。古希腊学者普罗塔戈说过,"头脑不是一个需要被填满的容器,而是一束需要被点燃的火把。"教学的艺术不在于传授,更在于激励、启发、引导。因此,培训讲师在教学中要调动师生双方的积极性和主动性,积极与学员互动交流,师生形成合力,提高培训效率。基于家政服务业的工作特点,家政培训教学中,互动与控场显得尤为重要。

一、互动的两个前提

1. 设立培训目标

教学过程中的师生互动是用来解决问题的,而不是流于形式。真正的互动,应该是师生之间相互影响、相互作用的过程。如果培训讲师提出问题,学员只是简单回答,没有真正的思考,并不能达到互动的真正目的。例如,有些培训讲师在课堂中设置许多问题,学员成了回答问题的机器,一堂课看起来很热闹,这样的课堂,师生是动起来了,可是这样的互动并不一定是有效的。这就要讲到互动的第一个前提——设立培训目标。

教学中互动交流的主要意义在于充分发挥师生的积极性。既要发挥培训讲师的积极性,又要调动学员的积极性,双方在同一个培训目标下,同时发生作用。对于互动要反思几个问题:学员的个性思维有没有得到发展?有没有突破预设问题产生新问题?学员的回答有没有对培训讲师产生促进作用?一味肯定,可学员就真的全是正确的吗?这些问题就是培训目标,在此基础上的师生互动,才能产生效果。要想真正通过互动对学员产生影响,学员要对问题进行深层的认识,要有自己的思考,甚至在解决问题的过程中,还能产生新的问题,这样对问题的理解就更加深入、全面,更能体现互动的有效性。

2. 创设民主教学氛围

培训讲师要转变自己的角色,由过去的以培训讲师为中心转变为以学员为中心,这其实是一种新的教育理念。早在 19 世纪,美国教育家杜威就提出"以儿童为中心",此理念可以看作是"以学生为中心"教育理念的起源。1952 年美国心理学家卡尔·罗杰斯明确提出"以学生为中心"的理念。1998 年"以学生为中心"的理念首次见诸联合国教科文组织的正式文件,从此这一理念逐渐成为权威性的术语和全世界越来越多教育者的共识,并在教学过程中践行。

"以学生为中心"就是培训讲师时刻要从学员的角度考虑问题,要和学员真正处于平等的地位,这样才能促进教学互动由单向交流向双向交流的转变。所谓单向交流,看起来也是一种互动,但基本上是培训讲师来说,学员来做,是一种表层的互动,没有实现真正交流;双向交流应当是双方之间的交流,即你有观点,我有观点,师生之间和生生之间都进行交流。这就需要创设民主的教学氛围,培训讲师成为学员学习的领路人,不但要从地位上更要从灵魂上平等对待每一位学员。在平等的基础上学员才能打开心扉,师生间的心理距离才能越来越近,师生间才能互动起来,这种互动才是学员与培训讲师真正的互动。在这样的氛围当中,培训讲师和学员能够在知识、情感、思想、精神等方面相互交融,实现教学相长。如果培训讲师和学员能真正互动起来,就体现出了以学生为中心的教育理念。

二、互动的方法和技巧

1. 熟知教学内容

教学内容是课程的核心,培训讲师要深入理解教学内容,对教学内容不仅要知其然,还要知其所以然,即不仅要知道事物的现象,还要知道事物的本质及其产生的原因。否则就无法提出高水平的问题,也就无法引导学员去深入思考。因此,要认真把握教学内容,厘清内容间的逻辑关系,围绕教学的重点、难点设立问题,才能实现培训目标。

2. 关注学员实际

脱离学员实际的培训目标毫无意义。培训讲师要了解学员现有的水平和可能达到的深度、广度，在此基础上设立培训目标，这就是因材施教。"深其深，浅其浅，益其益，尊其尊"指在施教过程中应顾及学生的知识水平，用深一点的知识教育程度较深的人，用浅一点的知识教育程度较浅的人，用使其增长的办法对待别人的长处，用尊重的态度对待别人的自尊。因此，培训讲师要了解学员的实际情况，根据其特点因材施教，这样学员不但乐于接受，而且能在互动的过程中发展自己、提升自己，为有效的师生互动做好铺垫。

3. 设置高质量问题

互动教学中的问题应该是师生互动的结果，问题不只是由培训讲师提出，学员也要能够提出问题，并极力去解决问题。因此，课堂教学中，培训讲师要注重提问的水平，要以自己的一两个问题，引出学员的多个问题，从而培养学员的提问意识，使学员养成勤于动脑的习惯。高质量的问题包含以下几个方面。

（1）问题要有价值。有价值是指所提的问题要能够启发学员的思维，且必须是经过认真思考与反复探讨才能解决的问题。问题的设计可以从培养学员的感知能力、分析能力、比较能力、抽象概括能力和创造想象能力等方面入手，使提问具有较好的启发性。

（2）问题要有针对性。有针对性是指要依据培训目标提出问题，有一定的方向性。在设计问题时不仅要考虑应该提出什么样的问题，还要考虑为什么要提这样的问题，使每个问题既能为活跃学员的思维服务，又能成为教学任务的一个组成部分。问题的导向要明确，因果关系要清晰。主要针对教学中的重点及实际运用中的难点来设问，要有利于学员对疑难问题的攻克。

（3）问题要有层次性。有层次性是指问题要有一定的梯度。所谓"一定的梯度"，是指培训讲师的问题是拾级而上的，问题的设计要有梯度地环环相扣，逐层递进，要遵循由易到难、由简到繁、由浅入深、由表及里的原则，一步一个台阶把问题引向更深的层次。要上好一次培训课，单靠一两个提问是不够的，需要培训讲师整体谋划，设计出一组有计划、有步骤的系统化提问，这样的提问才有一定的思维深度，才能多方位培养学员的能力。在实际操作中，可以根据教学内容和学员的实际水平，把较难的问题分解成一组容易的问题，或者把大问题分解成一组小问题，层层深入，一环扣一环地问，逐步引导学员向思维的纵深发展，这样的提问学员肯定乐于接受。

4. 因教学方法不同而异

前面提到培训中可以采用多种教学方法，在各种教学方法中都可以进行互动，调动学员积极参与，但在具体实施中要因教学方法的不同而异。不同教学方法互动方式和注意事项见表4-1。

表4-1　　　　　　　　　不同教学方法互动方式和注意事项

教学方法	特点	互动方式	注意事项
讲授法	短时间内传递大量知识，效率高	举例说明，穿插活动和练习	不可连续讲授30分钟以上，问题要有层次
小组讨论法	全体学员都参与活动，可以培养合作精神，激发学员的学习兴趣	选择讨论的主题，把握讨论的时机，划分小组、分配角色，小组讨论，小组汇报，培训讲师总结	不可1~2人独断，不可未到时间就停止讨论
头脑风暴法	短时间激发出各种创造性的想法	开始前回顾基本规则，鼓励人人参与	不可完成前便开始评价各种观点，不可轻视任何一种想法
案例分析法	把实际工作中出现的问题作为案例，有利于培养学员分析能力、判断能力、解决问题能力	将学员分组，每组成员八到十名，并指定组长；分发个案材料，讨论研究个案，找出问题的症结和解决问题的策略；培训讲师进行整理总结	讨论前先让大家了解目的、主题及计划安排，注意控制时间
角色扮演法	使受训者在模拟情境中进行角色扮演，帮助他们了解自己、提高自己	让学员充分了解情况，给学员1~2分钟筹划，确保其他学员能看到表演，鼓励自愿参与	不强迫学员参与，不取笑学员
现场练习	活学活用	提前准备，现场操作，自我评分	要有评判标准

5. 设置激励机制

家政培训讲师面对的学员多为年龄偏长、知识水平偏低的女性学员，因此与学员互动时要注意方式方法，不仅要用学员们容易听懂的语言来授课，还要注意调动学员的互动积极性。根据行为主义学习原理，及时反馈是提高学员回答问题积极性的重要原则。培训讲师在上课时可以参考使用以下激励机制，尽可能让学员获得课堂参与感。

（1）对学员进行分组。学员自行确定组名，彼此熟悉后选举组长，负责小组的组织领导工作。

（2）采用"团队积分"与"个人积分"相结合的奖励机制。培训讲师根据培训内容设计一系列团队任务，根据完成情况给予不同的团队积分奖励，积分的计算方式通常与团队个数有关，如全班共有 n 个团队，则第一名奖励 $n+1$ 个团队积分，第二名奖励 $n-1$ 个团队积分，第三名奖励 $n-2$ 个团队积分，以此类推。可以采用积分贴纸的形式，这样团队的每位成员都能看到自己小组的实时得分情况，激励效果更佳。同时，对积极回答问题、配合度较高的学员,需适时奖励个人积分。对于问题或者任务难度较高的,可以适当增加积分奖励。建议常规问题和任务,奖励1~2个个人积分;难度较高的问题和任务,奖励3~5个个人积分。个人积分也最好采用积分贴纸等实物形式,使每位学员可以时刻感知到积分的存在,也感受到竞争的压力,激发其课程参与的动力。

(3) 累计团队积分和个人积分。团队总积分由团队积分和个人积分两部分折算而成,个人总积分也包括团队积分和个人积分两部分。最后可根据积分情况评选出优秀团队和优秀个人,并给予相应的奖励或证书。

三、控场的方法和技巧

如前所述,培训中的互动可以使学员投入所讲授的内容当中,使学员进行思考、分享和实操练习,真正成为课堂的主角,加深对培训内容的理解;同时,通过互动还可以维持整体学习氛围,提升培训课程的整体质量。因此,互动是培训必不可少的环节,互动技巧也是培训讲师的必备技能。在互动过程中,要保证进度顺畅,就需要培训讲师把控好场面,甚至要应对可能的突发事件,这就是控场。

控场是领导学的核心,也是培训讲师的基本功。浅层次的控场主要指培训讲师对培训场面的控制,包括对培训课程节奏、时间、现场氛围的把控,以及对现场突发事件的应对处理等;深层次的控场体现在培训讲师能根据不同培训对象控制课程内容的深浅,能根据培训目标选择相应的控场方法。控场的目的是妥善处理学员状态和问题,有激情地演绎精心准备的课程内容,让学员有所得、有所动、有所悟。控场是一门艺术,也是一种能力。以下是六条家政培训讲师必备的控场技能。

1. 修炼气场,塑造人格魅力

气场是培训讲师的精神名片,看不见摸不着,但能影响学员状态和课堂氛围。气场强的培训讲师说话有底气,能带动学员情绪,对学员有强烈的吸引力。气场通过练习是可以提升的,打造强大气场,可以从以下方面着手。

(1) 打造优美动听的声音。培训讲师在授课中最怕咬字不清,以致学员无法理解培训讲师的意思。咬字不清的缺点可以通过平时大声的朗诵练习来纠正。此外,培训讲师还要控制好音量和音调,注意要抑扬顿挫,不可平铺直叙。

(2) 肢体语言恰到好处。培训讲师在授课时表情不要太严肃,要微笑面对学员,打造亲和力。身体语言要与培训内容表达的情境相契合,使学员有身临其境之感。要会运用眼神加强学员的注意力管理。

（3）业务要精。培训讲师要努力成为业内专家，使学员从内心深处对其充满信任和敬畏。

学员的第一印象是非常关键的，因此培训讲师不仅要在语言、动作和知识储备上下功夫，自我介绍的环节也应该重视起来。好的自我介绍，不但可以迅速拉近与学员的距离，实现迅速破冰，还能够结合讲师自身的经历给学员带来相应的启发。

2. 控制节奏，提高学习兴趣

对课程节奏的控制非常重要，是平铺直叙，还是设计紧凑、张弛有度、跌宕起伏，这些都体现了培训讲师的水平。一位优秀的培训讲师要将编、导、演润物细无声地贯穿在整个培训中。

（1）事先做好课程编排与设计。要对课程的开场、铺垫、讲解、过渡、收尾进行编排。要在课程设计时设置各种元素，吸引学员兴趣，如联系新闻事件，引导学员思考讨论；引入与主题相关的故事和案例，加深学员理解；播放并深度剖析与主题相关的视频，在增加课堂趣味性、娱乐性的同时又不失深度和高度；选取图片抓住学员眼球；引入随堂测试环节，通过"考一考"，提高学员注意力。

由于家政培训讲师面对的学员一般为成人，要注意根据成人的学习特点来安排培训方式。成年人依赖过去的生活经验，需要有明确的学习目标激发学习动机，"做中学"的效果更佳，因此家政培训中的实践教学会占很大比重，这时候就需要培训讲师控制好时间，避免出现因时间不够而拖堂或者草草结尾的情况。

（2）做好导演。要根据不同的学员特点和不同的培训内容选择相匹配的教学方法和技巧，如在培训中引入团队对决，激发学员参与互动的积极性；引入课堂研讨，通过提问，激发思考，形成集体智慧；通过角色扮演、案例剖析、游戏体验等激发学员参与的积极性。在这个过程中，培训讲师要根据课程时长和培训现场学员状态调节氛围，灵活调整培训的进度。

（3）做好课程的演绎。从声音、语调、手势、语言的表达等方面着手，多维度刺激学员感官、思维，调动大家参与的积极性，生动演绎培训内容。例如，在讲述故事和案例时，不能平铺直叙，要综合运用身体语言和口语化语言，活灵活现地再现故事和案例情节。

3. 有效提问，激发学习热情

有效的课堂提问能及时反馈教学信息，拓宽信息交流渠道，还可以培养学员语言表达与交际能力，激发学员的求知欲。

有效的课堂提问要做到：提问要面向全体学员，要有启发性，注意对象的选择和

时机的把握,提问后要给学员留一定的思考时间。

4. 合理分配时间,完整演绎内容

(1) 合理安排开场、中场、收场等培训环节的时间。在培训中经常出现培训讲师讲课虎头蛇尾的现象,主要因为准备内容多,前面时间没有把控好,结果草草收尾,给学员的感觉是培训讲师准备不充分,该讲的都没有讲完。

(2) 合理安排学员的休息时间。休息时间可以是常规课间休息时间,也可以是上课过程中的2~3分钟,老师应技巧性地用这几分钟让学员紧张或疲惫的神经放松一下。

实践中有的培训讲师不能根据学员情况和授课时间安排调整自己的授课内容,当觉得时间不够时,会取消课间休息或延迟休息,这种做法得不偿失,疲惫的学员带不来好的培训效果。要预防上面提到的两种情况,比较可行的办法是做好培训前演练,熟悉培训内容,控制好时间。

5. 调动现场氛围,增强培训效果

和谐愉快的课堂氛围能使学员大脑皮层处于兴奋状态,有利于学员智力的发挥。而消极压抑的课堂氛围容易使学员的智力活动受到抑制,致使其思路狭窄,思维变得拘谨和呆板,所以要想取得好的培训效果,培训讲师首先要想方设法地调动课堂氛围,提高学员参加培训学习的兴趣,再教授知识和技能。否则学员没兴趣,这样培训效果一定会大打折扣。

调动氛围可借助小故事、音乐、热身活动、游戏、适度幽默等。下面介绍三个调动培训现场氛围的小技巧。

(1) 暖场环节不可少。好的暖场可以建立学员对培训讲师的信任,拉近培训讲师与学员之间的距离,让学员从情感上认同培训讲师并愿意接受其指导。

(2) 灵活应对,总体践行课程设计时的布局和构思。根据现场氛围灵活运用提问、研讨交流、讲故事、讲案例、情境模拟和演练、头脑风暴、游戏、视频图片导入等方法综合调动学员的视觉、嗅觉、触觉等神经系统,提高学员学习兴趣。

(3) 重视开场和收尾。"有一个好的开场就成功了一半""编筐编篓,全在收口",在培训实践中,开场大家都比较重视,但收尾往往容易被忽视,导致培训效果不及预期。总体而言,可以把握一个原则:开场要巧,收尾要妙。

6. 管控突发事件,保证课堂秩序

培训现场经常出现提问冷场、学员窃窃私语、老师口误、忘词等各种突发事件,如果处理不当,就会影响课堂培训效果。

（1）做好预控，防患于未然。有经验的培训讲师开场前会与学员约法三章，宣布培训课堂纪律和符合成人特点的惩罚措施，预先控制学员现场可能出现的课中随意走动、睡觉、玩手机、窃窃私语等行为。结合前面的互动技巧，如果个人出现了上述行为，可以扣除相应的个人积分和团队积分。

（2）察觉课堂异常情况。培训讲师可以利用课前、课间休息时间向班主任了解学员表现和预期目标，发现个性突出的学员；可以观察学员在互动研讨交流环节的表现，特别要留意参与度不高的学员，谨防在培训中出现"旁观者效应"，影响课堂研讨效果。

（3）见招拆招，及时应对。如发现有学员昏昏欲睡，可以及时插入图片、视频、互动游戏等提振学员情绪；如提问时遇到学员调侃老师、发言时间太长、跑题等，要及时打断或引导；遇到培训讲师回答不了学员的问题或学员不同意培训讲师的看法时，可以技巧性地把"球"抛给有经验的学员。当然，培训现场出现的情况形形色色，要想真正实现见招拆招，有赖于培训讲师不断在课堂培训实践中进行总结领悟。

最后要强调两点：其一，有效控场技巧的运用是建立在培训内容适用的前提下的，否则只是培训现场热闹而已，最终的培训效果一定不会尽如人意；其二，控场的关键是控制自己而不是控制学员。控场看起来是培训现场的事情，其实是自己的事情，只有多看、多悟、多练，知行合一，才能真正掌握控场技巧，成为优秀的培训讲师。

第五节　课程总结的方法与技巧

课程总结简称结课，是指教学将要结束时，培训讲师引导学员对所学知识与技能进行总结、巩固、扩展、延伸、迁移的教学活动。结课是课堂教学活动的终端，是在一堂课中师生间情感共鸣的最后一个音符。结课和课堂导入一样，是教学过程不可缺少的部分。有人评价课堂导入和结课在一堂课中的地位，就像一篇好文章的开头和结尾。明朝谢榛在《四溟诗话》中写道："凡起句当如爆竹，骤响易彻；结句当如撞钟，清音有余。"谢榛讲的虽是写作，但与教学也有相通之处，教学也应该有如爆竹般生动的开端，有如撞钟余音绕梁般精彩的结尾。

一、结课的作用

结课的主要任务是总结培训重点内容，确认学员有无疑问，咨询学员对课程的意见或建议，加深课程的印象并激发学员学以致用等。

1. 总结培训的内容

课程总结是对一节课的简要归结，是对学习过程的归纳反思，是从总体上对知识的把握，不是知识内容的简单重复。课程总结时最重要的任务是在较短的时间内对这节课最重要的内容加以回顾提升，这就需要突出重点、难点、易错点、技能、规律和方法。突出了重点，也就强化了考查的内容；突出了难点，学员就知道哪里需着重练习和识记；突出了易错点，学员可以找到致错根源，避免掉入同一个陷阱；突出了技能，学员就能反思自己的实操水平并有针对性地进行训练；突出了规律，学员就能在服务情境中主动应用；突出了方法，学员就能做到举一反三，以简驭繁。

2. 激发学员学以致用的能力

培训讲师在课堂上复习提问、讲解新课、安排学员自行消化和练习，都是为了当堂巩固知识和运用知识。课堂小结紧扣教学目标，突出基础知识、基础技能、基本思想，方法去繁就简，语言简明扼要，并使新知识融合于已有知识经验中，可带来效率高、功效强的记忆。通过小结，引导学员整理、复习、巩固教材知识，深化对课堂教学主题的理解和把握，使新知识具有更大的迁移价值，为后继学习和运用奠定基础。

3. 收集学员对课程的意见或建议

培训的落脚点是学员，只有了解学员特点、洞悉学员需求，才能促进课程的丰富、完善、改进和提升。因此，需要在培训课程结束或中场休息时，咨询学员对课程的意见或建议，通过"反馈→改进→再反馈→再改进"提高培训课程的实用性，增加学员的获得感和满意度。

二、结课的原则

1. 简洁性原则

结课是一节课的一个重要环节，但不是中心环节，培训讲师可以精练的语言对新知识和新技能进行总结，也可设置悬念引导学员发散思维或聚合思维来结课。结课只是对一节课做收尾工作，因此时间不能太长，一般是 3~5 分钟，以免喧宾夺主。简洁、快速、提纲挈领是小结的特点。结课时要做到自然妥帖、突出重点、画龙点睛、恰到好处，语言要干净利落，忌画蛇添足、拖堂，也忌虎头蛇尾、草草结课；要用简练的语言厘清本节课的知识体系，用幽默的语言拨动每位同学的心弦，让学员在下课前感到轻松、愉悦，感到学有所得。另外，培训讲师要在备课中分配好结课的用时，避免结课用时过长。

2. 巩固性原则

艾宾浩斯遗忘理论指出，遗忘总是伴随着识记，且遗忘的速度先快后慢。巩固性原则要求培训讲师在结课时及时对本节课的知识、技能进行归纳总结，及时帮助学员巩固，使学员加深对概念和理论的理解，达到增强识记效果和保持信息的目的。巩固的目的是同遗忘做斗争，在结课时，通过归纳、类比、联想等方法来促进知识的再认、再现，为知识的同化扫清障碍。复述是知识由外部指导向内部转化的必要条件，是巩固知识的好方法。应用巩固性原则时，可以先让学员自己复述、总结这节课的主要内容，梳理出各部分之间的联系，当学员有总结得不完善的地方，培训讲师可以再进行补充，概括出该节课的中心和重点，以达到使学员掌握知识的目的。"最有价值的知识是关于方法的知识"，培训讲师不仅要总结知识，还要及时总结本节课上解决某一类问题的方法及该方法的使用范围。不过，任何方法都不是万能的，使用时总有一定的前提条件，关于方法使用范围的总结对学员今后的学习也有极大的帮助。

3. 延伸性原则

延伸性原则是指把课堂所学知识向课外延伸，拓展延伸有利于培养学员的动手能力及分析、解决问题的能力，有利于开拓学员视野，有利于学员知识树的生长和素质的提升，还有利于激发学员的探索精神。传统的教育教学理论重视结课的巩固性，现代教育理论更看重结课的延伸性。延伸性结课原则可以将本节课所学内容、方法延伸应用到课外，与社会现实融合，对提升学员的学习兴趣和探索精神有很大帮助。

4. 互动性原则

互动是指通过师生多种感官的全方位参与，促进认知与情感的和谐与多维互动的教学关系的生成，实现学员的主动发展。建构主义认为：学习者在与周围环境相互作用的过程中，会逐步建构关于外部世界的知识系统，知识是个体与环境在相互作用中建构的结果。所以，结课时最好让学员自主完成总结，培训讲师可以对不完整的部分进行引导、补充。而且，培训讲师要善于用情感的元素点燃学员情感的火花，激发师生在情感上的共鸣，为互动结课做好准备。互动结课有利于学员主动参与课堂，提升学习的积极性，发挥主体作用，有利于长久的发展和知识体系的建构。

5. 目的性原则

结课要照应课程导入，若在导入时设置了问题，结课时一定要有对问题的处理，使整堂课有首有尾，正如一位喜剧作家说的——开幕时，墙上挂一把枪，落幕时枪一定要响，否则就不要在墙上挂一把枪。有效的结课设计是为实现培训目标服务的，培训讲师必须针对一节课教学的实际情况，对学情进行分析判断，以既定的培训目标为依据来选择结课的方式。结课既体现了收敛思维，又体现了发散思维。总结课程的重点知识，理顺知识点间的相互关系，特别是知识的使用范围，这些用到的都是收敛思维；让学员在现有的知识基础上延伸知识的内容，提出问题让学员下课后自己思考解决，这些用到的都是发散思维。培训讲师在结课时也要有目的地教会学员总结，不仅要总结知识，还要总结方法、技能，更要总结为什么这么做，即对认知过程进行梳理。

三、结课的常用方法

结课有两种大类型。一种是"认知型结课"，即对所学知识进行归纳总结，其目的是巩固所学知识。另一种是"开放型结课"，不仅要对教学内容进行归纳总结，而且要把学的知识向其他方向延伸，以激发学员进一步学习研究的兴趣；或者把前后知识联系起来，使学员的知识系统化。常用的结课方法有：概括总结法、口诀记忆法、列表比较法、结构图示法、讨论加深法、首尾照应法、拓展延伸法、设疑伏笔法等。

1. 概括总结法

对于新知识较多的课型，结课时可用准确简练的语言，提纲挈领地对整节课的主要内容进行概括归纳，给学员以系统完整的印象。概括总结法既可促使学员加深对所学知识的理解和记忆，又可培养其综合、概括能力。注意，用于总结的语言不应是对所讲内容的简单重复，而应有所创新，一定要抓重点、抓关键，不要泛泛而谈。

例如："今天的课程，我们围绕婴儿抚触这一主题，探讨了什么是抚触、婴儿为什么要抚触、怎样进行抚触几个问题，重点在于'如何进行抚触'这部分内容。要熟练地进行婴儿抚触，就要了解抚触的一般顺序，总体上呈现"自上而下"的特点，即头部→胸部→腹部→上肢→下肢→背部→臀部。不同部位的抚触次数、速度和力度均有要求，对婴儿也有不同的功效。希望今天的学习能够帮助大家掌握婴儿抚触的相关知识，并使大家今后在雇主家中开展相关服务时能够更加得心应手。"

2. 口诀记忆法

为便于知识的记忆和运用，可采用口诀记忆法对所讲内容进行归纳总结，使深奥的道理变得生动有趣，便于理解和记忆。

例如，在讲到母乳喂养原则时，可以引导学员用"三早三贴"的口诀进行记忆。"三早"指早开奶、早接触、早吮吸，"三贴"指正确的哺乳姿势为胸贴胸、腹贴腹、下颌贴乳房。

3. 列表比较法

若新授知识与旧知识的知识结构十分相似，或新课内有一组类似的新知识，结课时可采用列表比较的方法，使学员准确辨别不同知识的特征，分清它们的异同，加速对新知识的理解和记忆，提高知识迁移能力。

例如，讲完婴儿抚触后，为防止与幼儿按摩混淆，结课时可引导学员通过回忆，对有关知识进行归纳概括，列出表格（见表4-2）加以比较，从而了解婴儿抚触和幼儿按摩的区别与联系，加深对这两个概念的理解。

表4-2　　　　　　　　　　婴儿抚触和幼儿按摩的区别

手法	婴儿抚触	幼儿按摩
力度	轻	稍大
时间	沐浴前后、午睡前、晚上睡觉前	不受时间、地点、环境和条件限制
适宜婴儿群体	婴儿（不满一岁的幼儿）	一岁以上的幼儿

4. 结构图示法

若所讲新知识之间或新知识与已学知识间逻辑关系密切，结课时可用简洁明了的结构图将各知识点的关系展示出来，以帮助学员厘清所学知识的层次结构，形成知识系列，建立起知识结构框架。

例如，在讲完母乳喂养后，可引导学员通过回忆相关知识建立结构图（见图4-2），使有关母乳喂养的知识一目了然，从而加深理解，强化记忆。

5. 讨论加深法

课堂中得出一些概念、规律后，不应结束教学，而应根据教学内容提出带有启发性的问题，让学员思考、讨论、辩论、争论，以明确概念、规律的意义、适用条件、适用范围及与其他概念、规律的关系，从而加深理解。

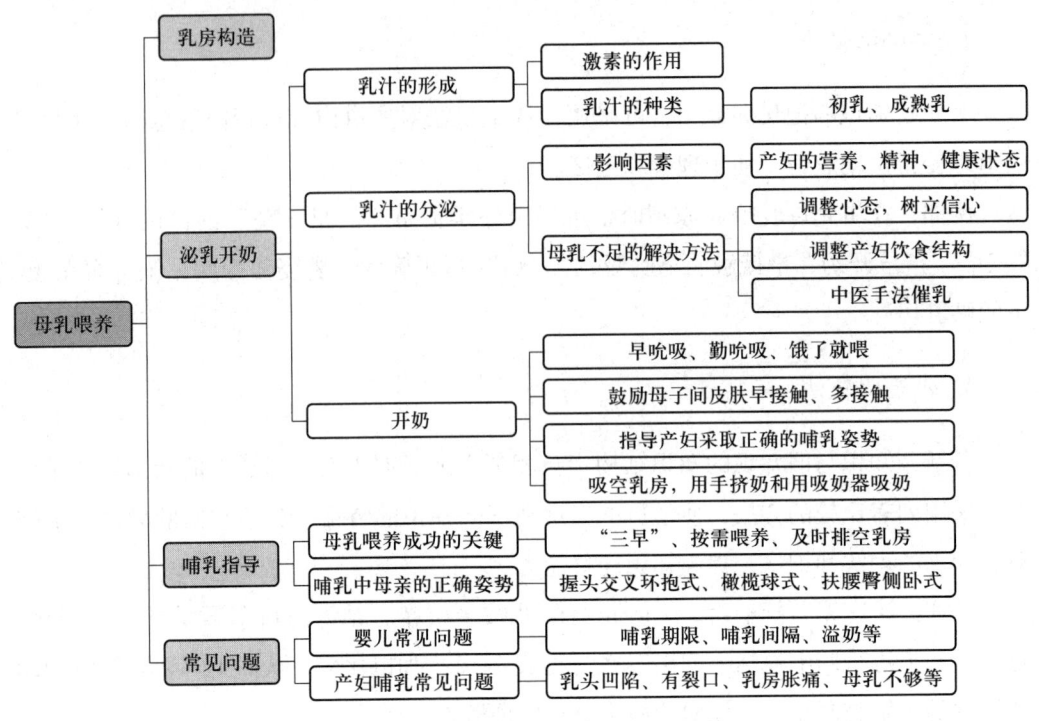

图4-2 母乳喂养知识体系结构图

例如，学到产褥期的护理时，可以激发学员讨论传统观念中存在的不科学成分，如"捂月子""不刷牙""不洗澡""不运动"等，让学员通过探讨交流，掌握科学的产褥期知识，并指导今后的产褥期护理工作。

6. 首尾照应法

如果课程导入时用了设疑导入法，在课程结束时应启发学员用本节课所学的知识解决导入时提出的问题，使悬念不悬，做到前后呼应，浑然一体。同时可使学员在知识的应用中体验到解决问题、消除悬念的乐趣，提高学习的兴趣。

例如，对于"婴儿常见问题"一节，若课程导入时设疑"婴儿啼哭有哪几种情况？"在结课时就要引导学员总结婴儿啼哭的情况：大声无间断的啼哭（饥饿时）、刺耳的尖叫（有胃肠鼓胀和其他疼痛症状时）、有气无力需要人援助的啼哭（开始生病时）、抱怨性的呜咽（感到寂寞时）、断断续续的啼哭（诉苦性的）及爆发性的啼哭（受到惊吓）。这样的结课达到了既巩固知识，又激发兴趣的效果。

7. 拓展延伸法

拓展延伸式结课，即培训讲师在教学结尾时根据教学情况对教学内容进行适时、适当的补充，将教学内容进一步推进，可以分为横向和纵向两类。横向拓展延伸是对教材的相关内容进行必要的补充；纵向拓展延伸是指深挖教学内容，强化对知识点的理解，促使学生进一步思考。拓展延伸式结课的最主要目的就是拓展知识的广度和深度。

例如，在讲解婴儿常见疾病护理中的脐炎、黄疸、湿疹时，可以为学生拓展其他常见疾病护理方法，以此来引发学员进一步学习的兴趣。

8. 设疑伏笔法

设疑伏笔即对于从内容和形式上均有密切联系的上下两节课，在总结上节课的基础上提出后续问题，引发学员的学习期待，为下节课做好铺垫。注意事项如下。

（1）不要过度渲染。过度渲染容易使大家对于未来期望过高，或者让人感觉有些虚假。

（2）不要用"否定过去"来"渲染未来"。渲染未来很重要，但是不能因此而否定刚刚结束的内容。

（3）前后不要相隔太长时间。一个没有"主题"的渲染，给人的印象不会持久，因此不要相隔太长时间，最好所埋线索就是即将要讲的内容。

例如，在月嫂培训一天的结尾，培训讲师可以这样说："这两天我们学习了月嫂必备的五项技能，那么是不是掌握了这五项技能就能成为一位卓越的月嫂呢？不，这还不够，作为一名月嫂，除了掌握以上五项技能外，还要具备一项重要的能力，可以说，这项能力是确保今天所讲的五项能力得以真正实施的重要因素，也是优秀月嫂不可或缺的一种能力。那么，它到底是什么呢？答案将在明天揭晓！今天的培训到此结束，谢谢大家，明天再见！"

第五章 家政培训教学实施

第一节 培训课程的实施程序与培训讲师的关键任务

家政培训讲师在组织实施教学时,要充分了解家政培训周期各环节的任务和职责,根据成人学习特点采取有效措施开展家政培训工作,增强培训效果。

一、培训课程的实施程序

培训课程的实施程序应包括培训需求的调查、培训目标的确定、培训规划的制订、教学设计、培训讲师的选派、培训方法的选择、培训过程的管理、培训效果的评估等主要环节。

1. 培训需求的调查

家政培训课程的开发需要调查培训需求,课程的实施也需要对培训需求进行调查。培训主要是针对学习对象补充新知识和提高工作技能而施行的一种教育。尽管培训也有供给导向型与需求导向型之分,但即使是供给导向型的培训,也是针对学习对象所需知识进行的,所以无论何种培训,针对培训需求的调查与分析都不可或缺,甚至是取得预期培训效果的前提和基础。

培训需求的调查与分析一般包括三个层次。首先是对培训市场的调查与分析。这是一种较为宏观的调查与分析,通过这种调查与分析,可以从宏观上了解社会层面的培训需求。只有注重社会层面的培训需求调查,培训才能适应社会的需要。其次是对委托培训的家政企业的调查。只有通过调查了解家政企业的培训需求,培训才能满足家政企业的需要,才能保持和提高培训的声誉。最后是对家政培训学员的需求进行调查。学员个体之间总是有差异的，在调查学员个体需求的基础上针对不同学员实施培训，这种因材施教的培训方式在家政培训中越来越被重视。

家政培训讲师应努力学习和掌握家政培训需求调查与分析的方法，认真做好培训需求的调查与分析。

2. 培训目标的确定

培训目标的确定，是对上一步"需求调查"所得信息的加工、提炼和精确化。目标的表述应具体，不能含糊不清；目标的确定应恰当，太高或太低都是不适宜的；目标还要有可检验性，待培训结束时能客观地检验目标实现的程度。

培训目标一般有三个层次。第一层次是参加培训的个人所要实现的目标。个人是组织中的一员，个人通过培训实现目标后，回到组织中对组织的发展起到何种作用，则是培训第二层次的目标。组织又处在社会中，组织发展对社会的贡献则是第三层次的目标。三个层次的目标具有层层扩展的内在逻辑联系。这样确定的目标，实际上也就表明了培训所能产生的社会效益。

培训需求的调查与培训目标的确定都要通过培训者和被培训者双方的合作来完成。但调查培训需求时，培训者是主导方，被培训者主要是向培训者提供有关信息。确定培训目标时则相反，被培训者成为主导方，但培训者的作用也很重要，要善于引导被培训者，使其目标逐步明确，并帮助被培训者将目标精确而又简练地表述出来。

3. 培训规划的制订

无论何种培训，为了保证培训效果，都必须根据培训需求和培训目标认真地制订培训规划。对于一个培训，只要培训对象改变了，就需专门制订培训规划。不过，对于特定对象分班次进行的重复培训来说，培训规划是能反复运用的。培训规划可以分为两个层次。

（1）组织培训，进行整体规划。组织培训应首先确定培训的总目标，然后将总目标分解为各方面的分目标（如知识目标、能力目标、管理目标、人才目标等），每一方面的分目标又要尽可能提出所要达到的具体指标，进而根据目标的要求提出培训策略，即采取何种培训方式和措施去实现培训目标。最后还要定出实施培训的行动方案，即整个培训规划如何分类、分级实施，以及每一类、每一级培训的起始时间、对象、要求等。

（2）每次培训的实施。一个培训规划往往包含着多次培训。在实施时，每次培训要怎样进行就涉及"每次培训的实施"，它是对培训规划的具体化，是对一次培训全过程的具体设计，其中包括全过程划分为几个阶段、每个阶段的主要工作、每项工作的负责人和具体要求、实施日程表等几项内容。

培训规划还应包括培训经费预算。在评价培训效果时,其中一个重要指标就是培训的投入产出比。所以,对培训经费的筹措和使用,也应做出详尽的规划。

4. 教学设计

教学设计的目的在于使教学效果最优化,它主要包括分析培训中的问题、确定培训目标、明确解决问题的措施与步骤、选用相应的教学手段和分析评估教学结果。在进行教学设计时,首先要了解培训对象要求学习什么及要求达到怎样的熟练程度,即学员通过培训希望掌握哪些知识和技能。其次,要了解学员现有知识基础、社会经验、心理特征等,进一步使教学目标明确化,在此基础上设计教学程序、选定教材和确定教学行为。最后,要研究教学测验和评估的具体办法和指标。

5. 培训讲师的选派

家政培训的中心工作是向参训的家政学员传授知识并提高其技能,承担这一中心工作的就是家政培训讲师。在家政培训过程中,家政培训讲师始终处于关键性地位。成人培训强调培训对象的主动性,培训要围绕学员的需求来进行,但这并不意味着培训讲师的角色不重要了,其实家政培训对培训讲师的要求反而更高了。

因此,选派优秀的培训讲师是实现培训目标的关键。

培训讲师除了应具备一般培训讲师的知识、素质和品格外,还必须热爱家政培训事业,对成人培训的特点和规律有较深刻的认识,能熟练地运用各种培训方法,有较为丰富的实践经验。根据培训教育的特点,培训讲师要善于灵活组织课堂教学,使学员参与到课堂教学中来,充分调动学员学习的主动性。

不过,在家政培训中,培训讲师与学员之间已经不再是简单的培训讲师教、学员学的关系,而是培训讲师和学员融合在一个培训整体之中,共同去实现培训目标。

6. 培训方法的选择

成人培训有一个显著特点,就是培训方法多种多样,可针对不同的培训对象和培训目标采取不同的培训方法。一位合格的培训讲师,应该熟悉和掌握多种培训方法,并能在培训中灵活地加以运用。

培训方法是服务于培训目标的。每一种方法都有其特定的内容和操作程序,亦有其优点和缺点。在培训时,不仅应注意根据培训要求选择适当的方法,还应在实践中逐步总结培训的新方法。

7. 培训过程的管理

培训的各个环节和各个要素构成培训系统。对于培训质量来说，每一个环节和每一个要素都是重要的。也就是说，为了保证培训质量，整个培训过程的严格管理不可忽视。

培训过程的管理并不是单指培训正式开始以后的管理，实际上，大量的管理工作是培训开始前的准备工作。在培训开始前，应精心思考，列出培训准备工作清单，就可能涉及的每个方面都要做好充分的准备。如果开始时忽略了某些方面，或已预估到某方面可能出问题，但因种种原因而未采取相应措施，那么培训开始以后，很有可能会在这些方面出问题。对于参训学员来说，他们要求的是完善的服务，如果保障系统中某方面不完善，很可能影响参训学员的情绪。一旦参训学员出现各种抱怨情绪，培训的预期效果就难以实现了。

培训开始以后，负责培训的管理人员应跟踪整个培训过程，尽可能早发现问题，并及时采取措施解决问题。所以，对于某些环节，甚至要准备好备用方案。总之，在培训规划全部实施完成之前，管理工作是一刻都不能放松的。

总体来说，培训过程的管理主要由培训机构负责，但也不能简单地把参训学员看作是培训管理的对象，因为参训学员也是自我管理者。提高参训学员的自我管理能力是培训的一项重要目标，而且只有在参训学员自我管理能力提高的基础上，培训机构的管理才有可能是有效的。因此，参训学员也应参与培训过程的管理，特别是学习过程的管理，这一点可以通过由参训学员组成的班委会的自我管理来实现。综上可知，培训过程的管理是由培训机构和参训学员共同来完成的。

8. 培训效果的评估

评估在培训中占有相当重要的地位，是培训所能运用的最有力和最有效的工具之一。作为控制培训的工具，评估并非只在培训结束时进行。对于一个需要较长时间完成的培训项目来说，评估是要分多次进行的。在培训过程中进行的评估，称为过程性评估或阶段性评估，在培训结束时的评估则称为结果性评估。两种评估都是围绕培训效果进行的。过程性评估在于检查某一阶段的培训效果，以评估获得的信息对培训实施计划进行补充或修正；结果性评估在于检查整个培训过程的效果，以评估获得的信息检验培训目标实现的程度，进而判断是否还要进行此类培训的下一轮培训或应如何改进。培训的评估者可以是专门的培训评估机构或实施培训的机构等。从目前家政服务业培训的实际情况看，主要是由实施培训的机构对自身组织的培训进行评估。

按照培训评估的程序，首先需要总结培训过程中的活动内容，对每一项活动做出评价，说明每一项活动的优点和存在的问题。其次，需要检查培训过程产生的直接效果,并且尽可能以客观的事实来说明,能量化的指标则要尽量量化。这里说的直接效果主要是针对参加培训的个人而言的,而参加培训的个人又在一个组织之中,并且通常是由组织委派来参加培训的。因此,个人参加培训取得的成效是和组织的发展联系在一起的。这样,评估也要从直接效果扩展到组织效果。组织效果即培训对组织发展的意义。这个层次的评估虽然难以做到很具体,但也要尽可能说明直接效果与组织发展之间的内在联系。说明这种联系的目的不只是表明培训的重要,还要通过明确这种联系使参训学员回到所在单位后更好地发挥作用。最后,组织又是在社会之中的,组织的发展能带来更大的社会效益,这就需要提高到社会的层次来评估了。

从评估得到的信息,还要反过来与培训开始阶段确定的培训目标进行比较,从而判断培训过程实现目标的程度。而目标又是通过培训需求调查定出来的,所以目标实现的程度反映了培训满足社会需求的程度。这样,培训周期从调查需求开始,到最后的评估判断需求是否被满足,一个培训周期也就完成了。

二、培训讲师的关键任务

根据培训周期各主要环节的要求,可将家政培训讲师的关键任务概括为:宣传,组织家政培训,选择学员及分析培训需求,实施家政培训,提供培训后续支持服务,监督、评估和报告培训效果。

家政培训讲师的关键任务按时间先后可分为培训前、培训中和培训后的具体任务。

1. 培训前的具体任务

(1) 向学员和机构宣传、推介家政培训。
(2) 选择学员。
(3) 做培训预算。
(4) 教学日程安排。
(5) 教具的准备。
(6) 教材的准备。
(7) 对教学地点进行实地考察,并检查教学设备。
(8) 组织学员填写登记表。

2. 培训中的具体任务

(1) 介绍培训计划和培训特点。
(2) 培训授课。

(3) 收集反馈意见。

(4) 课程结束时做培训班评估。

3. 培训后的具体任务

(1) 填写培训班活动报告表向上级主管部门汇报。

(2) 收集整理相关资料和归档。

(3) 对参训学员进行后续服务并收集培训结果。

(4) 填写后续服务报告。

培训讲师是培训活动的技术管理者,要对培训活动的全过程负责,要认真做好培训前、培训中、培训后的各项工作。培训讲师必须明确职责、勤恳敬业、不断求索,因为只有这样才能保证质量、打造品牌、取得最佳培训效果。

第二节　培训课程相关内容的准备

凡事预则立,不预则废。对于家政培训来说,由于培训环境、培训对象及培训形式具有复杂性、灵活性、多变性等特点,课前的准备过程便显得十分重要,难度也大大增加。只有课前精心预设,才可能在课堂上有精彩的呈现。

家政培训讲师备好课是上好课的前提。通常应遵循"备教材、备学员、备自己"的"三备"原则,做好培训课程相关内容的准备。备教材是针对培训内容而言的,培训讲师一定要做到熟悉课程内容。备学员是培训讲师要了解学员的文化层次和此次的培训需求,结合学员的特点完成课程模式、教学方法、课程导语和结束语等设计。备自己是针对培训讲师自身而言的,培训讲师要充分认识自己,在教学方法、教学内容、教学过程的选择与处理上扬长避短,以自身学识、人格、言行等对学生产生潜移默化的影响,发挥好自身在教学中的主导作用。

一、备课的任务

1. 背熟课程内容

备课首先应领会教学大纲,熟悉教材、分析教材、处理教材,然后背熟课程内容。在这里课程内容不仅包括教学大纲和教材所涵盖的理论知识,还应包括课程的实践内容和课外活动。课程内容可以用文字、图片、声音、视频、操作等形式呈现。

2. 做好教学模式设计

常见的教学模式如下。

（1）传递－接受型。通过口头语言将知识传授给学员，学员主要通过听讲来接受这些内容，理论课通常采用该模式。

（2）示范－训练型。培训讲师做操作示范，学员模仿练习，通过训练，熟练掌握该操作，实训课通常采用该模式。

（3）指导－发展型。培训讲师将任务布置给学员，学员完成任务，培训讲师起指导辅助作用，设计和实习课通常采用该模式。

具体课程往往既有理论讲授又有实训操作，备课时应根据课程内容的特点，采用合适的教学模式。例如，在向学员讲授小儿海姆立克急救法时，对于海姆立克的定义、要求、操作步骤等知识点采用了传递－接受型教学模式，而小儿海姆立克急救法的具体操作方法则应采用示范－训练型教学模式。

3. 做好教学方法设计

即使是同一门课程，采用不同的教学方法，呈现的教学效果也会有很大差别。备课时应根据课程内容、教学条件合理设计教学方法，以提升教学效果。例如，理论课虽主要采用讲授法，但在教学实施过程中，则应通过合理设计案例、提问、讨论、游戏、演示等，抓住学员学习的兴趣点和注意力。

4. 做好教学进程设计

一堂好的培训课应该呈现出"虎头、猪肚、豹尾"之势，"虎头"表示课堂开头威猛精彩，"猪肚"表示课堂中间内容丰富，"豹尾"表示课堂结尾表现有力。因此备课不仅要做好基于需求的课程重点内容的组织及难点内容实施方法的设计，还应做好课程导语和结束语设计。

导语是一堂课的开始，好的课程导语可以起到激发求知欲、强化学习动机、承上启下、温故知新、激情入境、诱发思考、说明主体、明确任务、建立师生情感、形成良好氛围的作用。结束语是一堂课的压轴语，起着归纳、概括、伏笔、前呼后应的作用。好的结尾会对主体内容起到提炼和升华的作用。

5. 做好教学语言设计

教学语言与教材内容不完全相同，教学语言应清楚、易懂、具有吸引力，尤其是启示语言、转折语言、释疑语言和结论性语言。备课时要认真设计教学语言，不可信口开河，以免影响讲解效果。

二、备课的方法

备课，一定要解决备课的方法。领会大纲、研读教材、编写教案是熟悉课程内容最常用的方法，利用教研活动集体备课、说课、听课、试讲可以进一步提升备课效果。

1. 领会大纲

教学大纲是备课的基本依据，是教学的指导性文件。只有熟悉大纲，才能把握教材要点，通观全局，抓纲带目。

2. 研读教材

教材是教学内容的主要载体，只有"吃透"教材，才能全面掌握课程内容，知悉知识点和技能要求。

3. 编写教案

教案是课程教学进程、课程目标、重难点、学时分配、教学方法和学员活动的具体体现，是课堂呈现的指导性资料。通过编写教案，既能熟悉内容，规划教学进程，合理设计课程导语和结束语，又能完成教学方法、教学模式、学员活动等设计。

4. 集体备课、说课、听课、试讲

（1）集体备课是促进教师分享经验、互相学习、彼此支持、共同成长的有效途径。

（2）说课即说为什么学该课程，应该学什么内容，该如何组织学习，学习应产生怎样的效果，明确课程目标、内容、逻辑、架构、教学方法等。

（3）听课即听教学效果好的培训讲师授课，观摩教学并感受其课程设计的思路，学习其开场、转入正题、结课的技巧。关注不同教学方法的使用、转换技巧，注意该如何活跃氛围，调动学员的学习兴趣，并进一步把控课程内容的重难点。

（4）试讲可以讲给自己听，也可以讲给专家听，能提高讲师的授课水平，缓解上课的紧张心理，更好地把控时间和语言表达的准确性。试讲还可帮助讲师判断教学内容与教学目标是否匹配，教学方法是否适合本课程等。

通过集体备课、说课、听课、试讲，培训讲师可以更好地把控课程，提升授课能力。

三、备课的具体内容

培训课程内容的准备，不仅仅是背熟课程内容，还应考虑以下问题：为什么讲、给谁讲、讲什么、在哪里讲、何时讲、怎么讲、编制学员每日意见反馈表。只有备课充分，才能在上课时做到得心应手。

1. 为什么讲

很多家政培训是由培训组织方的需求引发的，因此分析培训组织方需求，清楚"为什么讲"是备好课的前提。在备课前，一定要问自己，为什么要培训这部分内容？为什么要对这些学员进行培训？通过对需求的分析，可以使培训更具有针对性，从而准确地把握培训内容和方向。

2. 给谁讲

"给谁讲"指分析培训对象，包括对年龄、特长、不足、工种、实践经历等情况的分析。因材施教是备好课的基础。由于家政培训的对象是成人，他们有着各自不同的生活经历和工作实践经验，需求各不相同，文化水平参差不齐，因此分析培训对象就显得尤为重要。通过备培训对象，可以备出培训需求、培训方法、培训环境等培训因素。备好培训对象是备好课的关键所在。

3. 讲什么

"讲什么"指分析培训内容，这是整个备课过程的重点，要注意以下几个问题。

（1）在内容上要找准重点和难点。如果备课的重点和难点不明确，培训中主次不分，这样的课，学员是无法学好的。因此，在备课过程中，培训讲师应把握教材内容的系统性，找出教材前后章节之间的内在联系，明确学员应掌握的基本知识和技能。备课要做到重点突出、详略得当，要将培训内容化难为易，深入浅出。

培训课堂绝不是对培训教材的照本宣科，而是在通读教材、理解教材的基础上，将复杂晦涩的知识转化为学员易于理解的知识。在讲授时，如果采用生活中或身边的案例来形象描述，这样既方便学员理解，又可以大大提高学员的学习兴趣。

（2）讲师的知识面不能仅限于教材。培训讲师在备课时不仅要看教材，还应查阅相关资料，根据所教内容与其他领域的联系，找到合适的切入点，根据专业技术发展情况，对教材中的滞后内容及欠妥之处做必要的调整，用教学内容构建适宜的、完善的知识体系。只有培训讲师的知识丰富了，课堂的重点突出了，才能使课堂生动有趣，才能有利于学员的学习和发展。

需要强调的是，对于培训内容要始终本着"适用为主、够用为度"的原则。不要追求内容的难度与深度，而是要看是否能满足培训学员的需求，学员能够理解、掌握才是最重要的。

4. 在哪里讲

"在哪里讲"指分析培训环境，包括培训设备设施，甚至包括周围环境及天气变化等因素。对培训环境做好充足的分析准备，才能使培训设计方案得以顺利实施。同时还要根据现有的培训环境，进行相应培训环节的设计。在备课时，要针对培训环境可能出现的变化和突发情况，做出多套培训方案和应急预案。例如，在培训授课时，如果突然停电或课件播放不了，应该如何处理。

5. 何时讲

"何时讲"也就是分析培训时间，这对培训环节的设计非常重要，为了充分调动学员学习的积极性，不同的培训时间要采用不同的培训模式。

6. 怎么讲

"怎么讲"也就是对教学手段、教学方法及教学环节的设计。培训内容辅以合适的教学方法，才能达到良好的培训效果。主要体现在以下几个方面。

（1）课件的制作。生动的课件不仅可以帮助培训讲师授课，还能激发学员的学习兴趣，可以从听觉、视觉等方面吸引学员的注意力。

（2）教学方法的选择。针对不同的学员应采取不同的教学方法。教学方法除了传统的讲授法，目前效果比较好的还有案例法、研讨法、角色扮演法等。这些都需要培训讲师在备课时进行精心设计和选择。

（3）授课时长的控制。掌控课堂时间也就是解决"度"的问题，要分析教学目标，有的放矢。培训讲师在熟悉全部教材内容的基础上，还必须认真阅读这门课程的教学大纲和教学计划，这样才可以确定每个章节的学时数，把握好课堂时间，不拖堂。

7. 编制学员每日意见反馈表

家政培训讲师须关注学员在培训中的学习感受，编制"学员每日意见反馈表"，征询学员对每日、每课所学内容的掌握程度，可设置今天我喜欢哪些方面的内容、今天我不喜欢哪些方面的内容、今天我哪些地方没听懂、我的建议和意见等问题，并根

据学员的反馈进行教学方式调整和教学内容完善。

第三节 教学方法选择的依据

教学方法是教学的基本要素之一,运用得当与否直接关系着教学效果的好坏。

适合的教学方法应具备以下条件:一是能被学员认同,二是在实施过程中学员的参与程度高,三是好效果与高效率统一。教学方法多种多样,并随着时代不断发展。家政培训讲师不能总单一地采用讲授的方式教学,应与时俱进,不断改进提升。选择教学方法可依据以下几点。

一、依据教学目的选择教学方法

教学方法是实现教学目的和完成教学任务的手段,任何教学方法都是为一定的教学目的和任务服务的。培训讲师必须注意选用与教学目的和任务相适应并能达到教学目的的教学方法。

例如,在教学目的中,有"了解""掌握""熟悉"等不同程度的任务要求,对应相应知识的教学方法就可有不同的选择。有的简单了解即可,可通过阅读、讲述、参观等方法进行;有的就要求较深层次的掌握,可优化组合相应教学方法,如将讨论、辩论、案例分析、演示、情境体验等方法优化组合,以确保学习者能够理解。

二、依据教学内容选择教学方法

教学目的和任务是通过教学内容来实现的,教学内容的性质和特点不同,就应选用不同的教学方法。只有选用的教学方法与教学内容的性质和特点相符合,才能使教学内容发挥出更大的效益。在教学内容中,有些强调对理论知识的理解,有些强调对技能的实际操作,不同性质的内容应选择不同的教学方法。例如,在营养膳食课程"宝宝辅食添加的关键原则"的教学中,可结合讨论法,让学员分析宝宝 6 个月以后添加辅食势在必行的原因。而对其中"循序渐进、按需制作、脂类营养补充"的部分进行教学时,因为内容较抽象,可以通过演示法使学员了解,并通过案例法强调其重要性。

三、依据教学对象选择教学方法

教学对象的年龄、性别、经历、性格、思维类型、审美、兴趣等的不同，对教学方法提出不同的要求。例如，参加母婴护理培训的学员多为女性，参加清洗保洁培训的学员多为男性，学员生理、心理、工作环境、技能要求、经验值等都有所不同，在实际教学中，应根据学员的实际情况和相应特点选择适合的教学方法。再如，在母婴护理中级培训课程中，初培班和复培班的学员因为工作经验的区别，在教学中可采用不同的教学方法。复培班的学员因为在不同的环境中（月子会所、客户家庭等）工作过，可能接触和参与护理过不同的母婴服务对象，如果还是单一地按初培班的教学方法来讲授，可能会引起一些学员的质疑。这时可采用提问加讨论的方式，学员的经验补充可使知识不局限于课本，从而使课堂内容更丰富，达到教学相长的效果。

四、依据培训讲师的自身条件选择教学方法

培训讲师自身的素养条件和对课堂的驾驭能力，直接关系到选用的教学方法能否发挥应有的作用。培训讲师应对自身素养及所具备的条件实事求是地进行分析，根据自身特点和条件选用恰当的教学方法，以扬长避短，不可盲目照搬，这样才能确保对教学方法运用自如。例如，新上讲台的培训讲师和经验丰富的培训讲师在同样的课程中最优的教学方法也会不同，应结合自身特点选择最适合自身的教学方法。

五、依据设备条件选择教学方法

不少教学方法的运用需要一定的设备条件，如演示教学法需要一定的直观教具，实验教学法需要一定的仪器、材料等。如不具备相应的条件，培训讲师可适当创造条件加以运用。教学时间也是要考量的要素之一，家政教学应追求优质高效、省时低耗。那种效果虽好但耗时太多，或效率虽高但效果不佳的教学方法，不能算是最优的教学方法。

总之，教学有法，但教无定法。在教学中，培训讲师应根据不同的教学内容、教学目的、教学对象，做到有的放矢，灵活运用各种教学方法，才能收获良好的教学效果。教学方法的选择与使用，标志着培训讲师教学艺术水平的高低，也体现着培训讲师的智慧！

第四节　自我介绍的目的、内容及方法

一、自我介绍的目的

在与人第一次交往时给人留下的印象，会在对方的头脑中形成并占据主导地位，因此培训讲师在培训开始前的自我介绍就显得尤为重要。自我介绍是向别人展示自己的一个重要手段，自我介绍直接关系到给别人的第一印象，甚至影响以后交往的顺利程度。

具体来说，自我介绍有三大目的。

1. 自我介绍是展示自己的重要环节

自我介绍是工作中与陌生人建立关系、打开工作局面的一种非常重要的手段和职场技能。在心理学中，"第一印象效应"也称为"首因效应"。早在1957年，美国社会心理学家洛钦斯就以实验证明了首因效应的存在。之后的实验心理学研究也都表明，外界信息输入大脑时的顺序不同，在决定认知的作用上是不一样的，最先输入的信息作用最大，即"先入为主"。虽然第一印象并非总是正确的，但却是最鲜明、最牢固的，它的作用也具有强烈性和持久性，有人甚至认为第一印象构成一个格式塔原型，随后的交往信息都以这个原型为基础来理解，并整合到这个原型之中。可见第一印象的影响之大！因此，培训讲师要高度重视培训前的自我介绍环节，第一次见面就要吸引学员的注意力，综合展示个人魅力，让学员在三分钟内记住自己。

2. 自我介绍是认识自己的重要手段

通过自我介绍，可以对自己进行一个有意识的梳理。自我介绍前，人应恰当地认识自己。"旁观者清，当局者迷"，所以想要认识自己，给自己一个准确的定位不是一件容易的事情。认识自己，实事求是地评价自己，是自我进步和人格完善的重要前提。如果一个人不能正确地认识自己，看不到自身优点，就会自卑，丧失信心；相反，如果一个人过高地估计自己，又会骄傲自大、盲目乐观。因此，培训讲师应全面恰当地认识自己，清楚自己的定位，明确要展示的技能和优势。"知人者智，自知者明"，自我定位越清晰，越有利于形成课堂特色，有助于提升知名度，塑造讲师个人品牌。

3. 自我介绍是培训讲师拉近与学员距离的重要途径

如果培训讲师不做自我介绍就直接开始培训，学员会"满头雾水"，脑海里充满疑问——他是谁？为什么是他？这个人可以信任吗？他是一位负责任的讲师吗？所以自我介绍可以起到解释的作用，可使学员意识到是讲师的资历让他有资格站在这里。自我介绍后最好能让学员感悟："哎，这位培训讲师有意思、有水平，我愿意听他讲。"所以，我们在做自我介绍前，准备阶段要时常问自己："我如果这样说是不是能让学员和我的关系更近一点？"只有培训讲师和学员建立不错的关系后，他传递的知识和技能才更容易被学员接受。

二、自我介绍的内容

自我介绍是职场人必然要经历的一件事情。根据场合和最终目的的不同，自我介绍可以分为多种类型，如求职应聘时的自我介绍、演讲或主持时的自我介绍、朋友间初次见面时的自我介绍等。不论是什么类型的自我介绍，都应包含三个方面的内容：一是基础介绍，即说清楚"我是谁"，目的是让别人认识自己；二是经历介绍，即讲述自己做过什么，让别人在认识的基础之上进一步了解自己；三是优势介绍，即阐述自己能做什么，能给别人带来什么价值，使别人能信任并欣赏自己。

家政培训讲师的自我介绍，有点像朋友间初次见面时的自我介绍，又有点像演讲或主持时的自我介绍，其内容也包括上述三个方面，但又要根据所处场景、实际需要进行调整，使介绍具有鲜明个性，切不可一概而论。

1. 基础介绍

基础介绍的目的是说清楚"我是谁"，具体包括姓名、学习背景、家乡及爱好等。基础介绍通常涉及富有个人特征的内容，最好能把自己与他人明显区别开，给人一个立体、具体的第一印象，确保对方能在短时间内记住自己。如果可以在进行基础介绍时运用一些技巧，就可以起到事半功倍的作用。

（1）姓名介绍。讲师在自我介绍时一般要先报出自己的姓名，姓名介绍也有需要注意之处。一般情况下，介绍姓名宜采用稳妥的方式，中规中矩即可。常用的方法有组词法和拆字法两种：姓王，用组词法可解释为"国王的王"；姓吴，用拆字法可解释为"口天吴"。为了引起他人的注意，我们需让自己的名字变得"好记"，要展现出个人风格，给出耳目一新的解释，可以借鉴以下几种方法。

1）比附法。比附法指利用名人效应，将自己的名字与名人或有名的地点挂钩，这样自己的名字也就更容易被记住。例如,周江平,可以这样介绍:"我叫周江平,周恩来的周,江泽民的江,邓小平的平,三位伟人都是我最崇拜的偶像,因此,我时时刻刻都在鞭策自己做一个对社会有益的人。"再如,李淮河,可以这样介绍:"我姓李,来自江苏,在淮河边长大,因此叫李淮河。"

2)谐声法。谐声法指利用谐声给人留下想象空间。例如,刘学,可以这样介绍:"我叫刘学,但从小学到大学都没有留过级,后来确实是去美国留学了半年,现在可谓名副其实啊!"

3)调侃法。有些场合用调侃的方法能给予他人轻松愉快的记忆,从而达到不错的效果。例如,宋德让,可以这样介绍:"我叫宋德让,请大家放心和我往来,我一定不会让大家吃亏——因为我不仅会'送',还懂得让着你们。"

4)图像法。图像法指通过刻画与自身姓名关联的图像,引人遐想。例如,余江雁,可以这样介绍:"大家好,我叫余江雁,请大家想象一下,在长江上空,有一只大雁在飞翔,搏击长空,那就是我,余就是我的意思啊!请大家记住我——长江上空一只翱翔的大雁。"

5)故事法。故事法指讲明名字的来历或者编一个关于名字的故事使他人记忆深刻。例如,涂忆洪,可以这样介绍:"我叫涂忆洪,洪,是洪水的洪。在我出生那年,我们家乡发生了洪灾,我爸爸顾不上刚刚出生的我,就去参加抗洪救灾了,为了让我能时刻记住那段岁月,珍惜现在美好的生活,给我起了'忆洪'这个名字。"

当然,我们还可以糅合以上几种方法。例如,秦珅,可以这样介绍:"我叫秦珅,秦是秦桧的秦,珅是和珅的珅,虽然这两位都是大奸臣,但我其实是个大好人,心地善良,有情有义,既和秦桧无缘,也与和珅不沾边,希望大家记住我,也请相信我,一个大好人——秦珅。"姓名介绍融入了比附法和调侃法,可以给人留下深刻的印象。

需要注意的是,在进行姓名介绍时应根据不同的场合选择合适的方法。例如,在正式严肃的场合使用调侃法,就显得非常不合时宜。因此,培训讲师可以多准备几套姓名介绍方案,这样就能对姓名介绍游刃有余。

(2)学习背景介绍。学习背景反映的是一个人的受教育程度,一般可以折射出培训讲师的专业知识水平和能力高低。此时一般介绍毕业学校、专业和学位等。在介绍学习背景时,一定要说出彩的、有吸引力的部分:要么是展露学历和毕业学校,如学历很高、毕业学校很牛;要么是展露专业,表示专业与进行的活动主题呼应。通过上面的方法,让学员一下子对培训讲师产生钦佩之情,进而产生向培训讲师学习的浓厚兴趣。陈述过程中语言要尽可能简短,注意点到为止,夸夸其谈容易使人反感。最佳的境界是达到一种平和地说事实、不卑不亢的状态。例如,可以这样说:"我毕业于南京师范大学,是金陵女子学院家政专业的一名硕士研究生,在校期间曾发表家政相关论文两篇。"

不是每个人都有着强大的学习背景,如果培训讲师苦恼自己的学习背景较弱、不够引人注目,可以扬长避短,介绍自己某一突出的培训经历,通过自身经历证明自身专业水平和能力。

(3) 家乡介绍。介绍家乡的目的是通过家乡最有特色的点让别人记住自己。每个人对自己的家乡都有着浓厚的感情,以至于说起家乡时可能会有千言万语,但大家需要意识到介绍家乡的目的,介绍时一定要详略得当,突出最有特色的地方。常用的方法有三种。

1) 与当地人文历史挂钩。例如:"我来自南昌,就是打响了中国共产党武装反抗国民党反动统治第一枪的八一南昌起义的南昌。"

2) 与地理方位挂钩。例如:"我来自漠河,中国最北边的城市。"

3) 与当地特产小吃挂钩。例如:"我来自清远,清远有天下闻名的——清远鸡!"

在介绍时,最好能把家乡特点与自身特点结合起来,让人更加深刻地认识到,培训讲师的优势和家乡的特点是可以画等号的,这是最佳的效果。例如,培训讲师可以这样介绍:"我是南方人,江南水乡的灵秀赋予了我灵活而细心的特质;我长年在北方工作,又有了北方人的宽广胸怀。"这样的自我介绍既说明了自己的家乡在南方,又引出了自己细心的性格优势,还说明了自己宽广的胸怀,会给人留下深刻的印象。

(4) 爱好介绍。人们的爱好不尽相同,这使得爱好具有极强的个性化特征。在基础介绍的最后加上爱好的介绍,有助于建立饱满、独特的个人形象。学历体现硬实力,爱好体现软实力,硬实力固然重要,软实力也不容小觑,因此介绍爱好时也需要加入一些技巧。

首先,介绍爱好时用语要精简干练,以目的为依托,突出强项。其次,在介绍时不能一味讲自己的优点,对缺点闭口不谈。人都是有优点和缺点的,与其让别人去猜测,还不如主动说出来,因为自己主动说可以选择说什么、说多少。培训讲师说缺点是为了表明自己也是普通人,以此来拉近与学员的距离,但并不是进行自我批评,所以可以说一些可爱的、有趣的,甚至不算缺点的缺点,且说一两个就够了。例如:"我喜欢看书,各种各样的书都喜欢看,可惜记性不好,有的看后就忘。"像这样在爱好介绍中夹杂合适的小缺点,瞬间让人觉得和蔼可亲起来。

2. 经历介绍

人的成长离不开经历,从经历中学习是进步的基本方法。对经历的讲述能帮助他人判断讲师实力,并且一些类似的或他人感兴趣的经历也有助于迅速拉近彼此距离。

（1）基本原则。经历介绍就等于介绍自己做过什么吗？答案是否定的。"做成过什么"远大于"做过什么"，即成就远比经历重要。因此，介绍经历时要以自己做成的事为主，这就是经历介绍的基本原则。经历介绍还要记住以下五个要点。

1）经历≠经验。经历指的是亲身见过、做过或遇到过的事。而经验是一种认识，不一定是自己亲自做过的，有可能是直接从别人处获得的。我们要说的是亲身的、真实的经历，只有说起自己的经历，才能用真情实感感染他人，培训讲师全身散发出的光彩和全力以赴的样子，往往会更能吸引、打动学员。

2）亮出最骄傲的成就。不要觉得这是炫耀而难以开口。成就不仅能证明培训讲师的优秀，更能让人知道他的能力。有条件的话，说出来的成就最好能代表自身的优良品质和人格魅力。例如，在公司最危难时不离不弃，尽自己的力量帮助公司走出困境。这样既展示了培训讲师的能力，又突出了其高尚的道德水平。

3）数字的魅力不可忽视。很多人在自我介绍时习惯堆砌形容词，但这些词只是听起来很好听，不一定管用。与形容词比起来，数字则具体且有说服力，所以很多时候十句话抵不上一个数字。例如，将认真、负责、主动、吃苦耐劳等形容词换为"在本行业深耕多少年，带领过多少人的团队，在团队中业绩排名如何，曾写过或发表过多少文章"效果会更好。

4）奖项介绍要注重含金量。国际认证或行业认证的奖项，知名度高、含金量高的奖项，都非常值得介绍。需要注意的是，要根据情境选择有力度的部分奖项述说，要把握好分寸，避免给人虚荣炫耀之感。

5）委婉表达过去的遗憾。人的成长不可能一帆风顺，有遗憾的成长经历更能给予人们真实感，也会更吸引听众。因此适当带出一两点遗憾有助于提升经历介绍的效果。

（2）表述方法。知道了要分享哪些经历后，培训讲师该如何将经历表述出来，以达到展现自己实力的效果？这里介绍一种"STAR"法。STAR由四个英语单词的首字母组成，"STAR"法即把一项经历的介绍拆分成四个部分：situation（情境）、task（任务）、action（行动）、result（结果）。

例如，要阐述"在用户社群中销售付费课程"这样一个经历，用"STAR"法可表述如下："在没有专职社群运营人员的情况下，搭建免费体验平台吸引用户入群，通过体验课引导用户购买正价课程，用时一个月，入群人数超过1 000。"在这段经历描述中，首先是情境，即"没有专职社群运营人员"，这就暗示自己不仅是推销员，还有能力建立用户社群，一专多能。其次是任务和具体行动，即"用免费体验课吸引用户入群"，能让人看到具体是如何开展工作的。最后是结果，即"用时一个月，入群人数超过1 000"直观展现出授课者的实力。

3. 优势介绍

优势介绍是对自我介绍的升华，也是重点。前面说过，自我介绍的目的不仅仅是让他人认识和了解自己，更是让他人欣赏和记住自己。为实现这一目标，培训讲师要告诉他人自己能做什么，也就是能给别人带来什么价值。前面的学习背景介绍、爱好介绍、经历介绍等都是为了突出自身的价值。自身价值越高的讲师，自然个人"优势"也越明显。想要更好地介绍自己的优势，培训讲师还得做好以下几点。

（1）总结优势。只有总结出自己的优势，才能根据需要及时展示。所以平时就要不断地问自己："我的优势在哪里？"

（2）说明最突出的优势特征。所谓优势特征，就是自身优点和特质的结合，是一项与众不同的能力。注意，培训讲师应在表述时一开始就说明自己最突出的优势特征，亮出核心竞争力。

（3）用事实说明优势。事实是培训讲师经历过的、把优势转化成行动的事。事实胜于雄辩，用简洁的语言摆出事实是展现优势的最好方式。

三、自我介绍的方法

在明确了自我介绍的内容后，想要做出精彩的自我介绍还需掌握一些方法。本书着重介绍六种，分别是：中规中矩法，自我介绍"四步法"，个人IP公众表达"七个一"，价值优先法，问好、感谢引入法，故事引入法。个人可以根据自身情况选择不同的方法，但本质要求是一样的，都要讲清楚自己的优势，让别人了解、欣赏、记住自己！

1. 中规中矩法

中规中矩法是最常见、最普通的一种方法，即按照前文讲述的自我介绍内容，从基础介绍（包括姓名、学习背景、家乡及个人爱好），到经历介绍，再到优势介绍，平铺直叙地完成自我介绍。

这种方法的优点是内容全面、完整，比较稳妥也比较好掌握，但缺点也很明显，容易导致自我介绍平庸、不出彩。如果要用，需在有足够实力和底气的条件之下使用。

2. 自我介绍"四步法"

自我介绍"四步法"有两种类型，类型一如图5-1所示。通过对每一步问题的回答，能快速做出一份简洁明快、逻辑清晰的自我介绍。

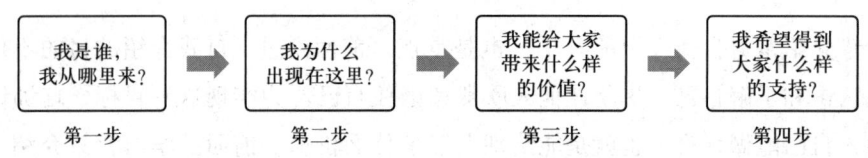

图 5-1 自我介绍"四步法"类型一

第一步的目的在于提供硬信息，如姓名、学历、家乡等，帮助他人建立一个记忆的"锚点"，就像船抛锚一样，要先定点；第二步拉近与学员的关系；第三步呈现对学员需求的判断；第四步呈现对学员价值观的判断。这样一步一步地，培训讲师便逐渐缩短了与学员的距离，能够比较容易进入一个陌生的"人际网络"。

例如，做婴儿的照护培训（家政培训的一个方向），可以按照下面的方式进行自我介绍。"大家好，我是××，来自南京。南京古称金陵，是六朝古都，有着深厚的文化底蕴；吃的方面南京盐水鸭和鸭血粉丝汤比较出名，欢迎到南京来品尝。"（第一步，说明"我是谁，我从哪里来"。）"我在××学校从事婴儿照护培训与研究已经有××年了，有高级育婴师证书。我在这里要告诉大家，婴儿照护人员不是简单的'保姆''月嫂''带孩子的'。"（第二步，说明"我为什么出现在这里"。）"0～3岁是婴儿身体和大脑发育最快速的时期，特别需要专业人员对他们在生理、心理上进行照护，并对其运动、认知、语言、社交等方面的能力进行训练，我就是要教大家成为'新生命的领跑者'。"（第三步，说明"我能给大家带来什么样的价值"。）"最重要的，我要感谢大家的到来，因为有你们的到来才会有越来越多的专业人员从事育婴工作。今天不仅是我给你们讲，我还会听你们讲，希望通过我们共同努力，托举起明天的希望。"（第四步，说明"我希望得到大家什么样的支持"。）

自我介绍"四步法"类型二如图 5-2 所示。"我是"即培训讲师通过讲述自己是什么样的人、从哪里来、什么职业来体现身份；"我从前"是讲师向他人输出自己过去的丰富经历和优异成绩；"我特别"旨在传达自己的核心竞争力，简而言之就是自己与同行的不同，用于回答学员的"为什么要选择你"这一问题；"我希望"则表达出了培训讲师想和学员未来形成的关系——取决于培训目标。完成了这四点，一份完善的自我介绍也就形成了。不仅能表明自身身份，还能够彰显自身价值与培训目的，简洁而不简单。

图 5-2 自我介绍"四步法"类型二

3. 个人 IP 公众表达 "七个一"

IP 一词源于拉丁语，20 世纪 70 年代初传入我国。IP 是英文 "Intellectual Property" 的简称，可直译为 "知识产权"，指人们就其智力劳动成果依法所享有的专有权利，因此一直被视为一种法律权益。现在 IP 的含义在一定程度上被泛化，IP 已经以多种形式存在于各个领域。个人 IP 产生于互联网、媒体行业，是在内容产品的生产过程中形成的鲜明的个人品牌和风格。将个人 IP 和公众表达联系起来，则可以理解为在众人面前展现自身在领域的影响力，与自我介绍的目的一致，因此有人将自我介绍称为 "个人 IP 公众表达"。

个人 IP 公众表达 "七个一" 是指用包含七个要素的七句话去完成自我介绍，如图 5-3 所示。"姓名""目前专注于""我的标签是"组成第一部分，回答了"我是谁"的问题，对应基本介绍环节；"不同于其他""我就是那个"与经历介绍相对应；"如果你需要""我想说"则与价值相对应。

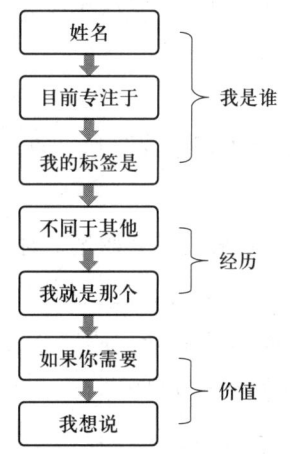

图 5-3　个人 IP 公众表达 "七个一"

实际上每句话背后都包含一套思维方式。"姓名"给出讲师的姓名信息；"目前专注于"是让他人了解讲师目前从事的工作；"我的标签是"通过更精确的定位使他人对自身的印象越发清晰直观；"不同于其他"展现讲师的优势，也就是核心竞争力；"我就是那个"展现讲师曾获得的优秀成绩；"如果你需要"挑明自身价值；"我想说"提出自身诉求。用这样的模板进行自我介绍，不仅有助于我们把控内容，还能使介绍本身变得简洁而全面。

通过一个例子可以进一步学习这一方法："大家好，我是××，目前专注于家政培训和咨询。因为精准和有效，他们都叫我家政培训当中的'手术刀'。不同于其他培训讲师，我是国内第一批获得家政学硕士学位的培训讲师之一。我就是那个 20××年拿到全国家政培训讲师大赛一等奖的选手。如果你需要让你的能力和品牌被更多人看到，你可以与我一起多研究、多进步。"

4. 价值优先法

实际上前面的几种方法都是按照自我介绍内容中的基本介绍、经历介绍、优势介绍来进行布局的。但当人们不知道培训讲师能给他们带来什么样的价值时，他们是不会关心培训讲师的姓名、年龄和来自哪里的。所以，培训讲师做自我介绍时也可以首先让别人知道，你能给他们带来什么样的价值。将价值介绍部分提前到自我介绍的开端，再补充一些自身基本信息，可以达到迅速抓住学员注意力，使学员对自己印象深刻的效果。这便是价值优先法的基本思路。

例如，一位从事婴儿照护培训（家政培训的一个方向）的女士可以这样介绍自己："大家好，有没有人想知道看护婴儿的注意事项、如何去做辅食、怎样成为高级婴儿照护人员，我就是能够回答这些问题帮助你们成长的××。"这样一番话下来能立即获取台下众多学员的关注，达到她自我介绍的目的。

5. 问好、感谢引入法

这种方法也是抓住"如何让别人记住你"这一点进行的，分三步进行：问好、感谢和"我是谁"。

举个例子："大家好！首先，我要特别感谢这个时代，让我们可以有机会随时随地地学习。其次，我要特别感谢××主办方，能让我和大家相互认识。我也特别感谢十年前的自己，那时选择了家政培训这个行业，所以今天才有机会和大家一起分享。我是××，和我一起学习，你也能拥有××。"

不难看出，这样的介绍真挚且诚恳，会使自己更加平易近人。在需要拉近彼此距离的场合使用会获得相当不错的效果。

6. 故事引入法

故事引入法即通过一个有趣、有意义、为培训量身定做的故事介绍自己。这种方法要注意以下两点。

首先是故事素材的选择。一方面素材要有足够的亮点，能打动、吸引听众；另一方面，针对听众关注点的不同，需要对素材进行相应的删改。例如，新家政员工会对需要学习的家政服务内容感兴趣，老家政员工则会对提高自己的服务水平更感兴趣，因此家政培训讲师在给新人讲故事时要多讲讲自己刚入行时的事，而给老员工讲时可以选取一些自己遇到过的、有指导意义的事情。

其次是故事的讲述。好的故事要逻辑通顺、语言简练。因此，使用故事引入法是有一定风险的。如果培训讲师逻辑不够清晰，选取的故事不够吸引人，本身也不是一个很好的故事讲述者的话，很容易暴露多方面的缺点，从而让他人对自身的印象分大打折扣。因此，故事引入法应在反复练习后谨慎使用。

第五节 教学中的语言与"非语言"魅力

语言是社会生活中最重要的、最常用的交际工具。培训讲师的语言水平会直接影响课堂教学的质量和效果，因为其语言水平关系到学员思维能力的提高和审美能力的培养，影响着学员的语言表达能力和语言的规范化。从这个意义上说，培训讲师的魅力，很重要的一个方面在于其课堂语言的魅力。

课堂教学过程就像一个舞台剧，处处都要讲究艺术性。只有教学过程充满艺术性，课堂才会生机勃勃。培训讲师在课堂这个舞台上精彩的艺术表演，离不开语言和"非语言"艺术的创造。

一、语言是思想的"外壳"

语言表达能力强的培训讲师，课堂魅力也大。那么，培训讲师的课堂语言魅力有哪些具体要求呢？

1. 清楚流畅

培训讲师明快清晰的语言，能博得学员好感，也能为拨动学员的心弦创造良好的条件。所以，培训讲师应尽量使用普通话讲课，避免使用难懂的方言和乡音。只有培训讲师讲课字字清晰，讲师的声音才能声声入耳。培训讲师要把需要讲述的内容，通过自然、连贯、轻松、流畅的语言，行云流水般地表达出来，让学员在一种和谐的语言氛围中学习知识和技能。作为培训讲师，首先要想明白自己所讲的内容，因为自己想明白了，才能在课堂上讲明白，进而学员才能听明白。其次，语言传达的信息必须是学员需要和能够接受的。如果不考虑学员的实际情况，培训讲师在讲台上不着边际地夸夸其谈，会使学员产生厌倦情绪，并不能达到教学目的。

2. 准确精练

课堂语言如果准确而精练，不仅可以节省时间，提高课堂效率，而且可以突出重点,避免重复,给学员留下深刻的印象。特别是对一些不容易表达清楚的内容,尤其要注重加工,可提炼成排比、对仗、合辙押韵的顺口语言,以达到准确精练、富有韵味、冲击性强的效果。可适当运用一些风趣、幽默的语言,这种语言有兴奋思想、凝聚"眼球"的作用,可以让学员在轻松、快乐的氛围中获得知识、接受教育,进而带来积极的教学效果。

3. 节奏和谐

培训讲师要善于根据教学内容和学员的心理,不断变换表达方式,时缓、时急、时高、时低、时而活泼、时而严肃……语调高低变化,伴随着情感的起伏,就形成了一种节奏。这种节奏作用于学员的感官神经,就能促使大脑皮层不断兴奋,引发学员丰富的联想和强烈的情感共鸣,提高学员的学习兴趣。因此,培训讲师首先要恰当控制语速,做到快慢适宜。强调重点内容时,应采用低声音、慢节奏,以便使学员有思考、回味的时间和空间;在讲述一般性内容时,应采用高声音、快节奏,以达到在短时间内使学员形成印象的目的;在论证某一结论而引用材料或数据时,应采用高低、快慢交错进行或连珠炮似的语言,以加强结论的可信度。其次,要注意语调的适时变换。一节课就像一部电影,有前奏、开始、高潮、结束,培训讲师的语调要随着教学过程的曲折跌宕和情感态度的变化而起伏。高兴的时候,要自然地露出微笑,语调要高一些;悲伤的时候,语调要低沉一些。最后,要注意语调的停顿。恰到好处的停顿,可以起到叙述清晰、集中注意力、引发思考、突出重点的作用。

4. 思路清晰

叶圣陶先生曾说过:"教师之为教,不在全盘授予,而在相机诱导。"诱导即教学思路,诱导的过程即教学思路在教学活动中的体现。一堂课应先讲什么、后讲什么、强调什么,培训讲师必须做到心中有数,以使课堂教学逻辑严密。否则,表述得含糊不清、语无伦次,学员理不清线索,抓不住中心,一堂课下来学员一头雾水,就达不到教学目的。因此,培训讲师应精心设计教学,做到板块清晰、步骤明朗、教学环节的设计环环相扣,且环节之间过渡自然。

总之,语言是思想的外壳,富有魅力的语言,一定具有深刻的思想内涵。作为一名培训讲师,必须认真地揣摩并在实践中坚持不懈地锤炼自己的语言,苦练"嘴功",才能使教学语言焕发出动人的艺术魅力,进而激发出学员的求知欲。优质的语言有利于学员对知识的理解和消化,进而达到事半功倍的课堂效果。

二、"非语言"在信息传递中的作用

美国人类学家雷·勃威斯特博士在关于人际沟通方式的研究中指出一个人向外界传达信息，信息的总效果有7%来自语言文字、23%来自语气声调、35%来自面部表情、35%来自肢体动作。后两种都属于"非语言"，可见非语言在信息传递中的作用。课堂教学中，正确、适度、巧妙地运用非语言，能够修饰、润色语言，有时不但可以代替语言，甚至能表达语言所难以表达的情态，达到"此时无声胜有声"的效果。

1. 用生动的表情传递热诚与欣赏

心理学实验表明，人们最初会把注意力集中在人的面部。所以，面部表情成为传递非语言信息的最好方式。在与学员的接触中，培训讲师应时常面带微笑、专注、用心，真诚亲切，使学员感受到亲和力而不是压迫感。让学员在愉悦、和谐、快乐的氛围中学习，师生关系会更融洽，课堂效果也会更明显。要避免皱着眉头、板着脸，不可对学员表露出灰心、失望的神情，因为那样会大大降低学员的学习欲望，打击学员信心。

2. 用适当的肢体动作激发学习动力

培训讲师上课时的动作、讲话时的语气、眉目神情等，都会直接影响课堂氛围。课堂氛围是影响课堂效果的一个重要因素，和谐氛围的建立百分之九十可以依赖于培训讲师的肢体语言。一般来说，手势动作要自然、大方、不夸大、不做作、不频繁，一些理论性强又抽象的知识经培训讲师生动、易理解的非语言动作或表情一变通，就变得具体而明确，从而可加深学员对知识的理解，提高课堂效率。

第六节　多媒体课件的制作与应用

一、多媒体课件概述

多媒体课件简单来说就是培训讲师用来辅助教学的工具。家政多媒体课件是利用家政相关文字、图像、声音、动画等多媒体素材编辑设计而成的，可凸显出家政服务业特色。

多媒体课件因其自身独特的优势，可以把丰富的元素融入课堂，在教育和培训中起到了十分重要的作用，不仅能激发学员的学习动机，还能帮助其更好地掌握所学知识，增强教学效果。多媒体课件的制作与应用，是家政培训讲师的必备技能之一。

1. 多媒体课件的特点

（1）丰富的表现力。多媒体课件具有呈现客观事物的空间结构和运动特征的作用。对于一些在普通条件下无法实现或无法用肉眼观测的现象，可以用多媒体技术生动直观地模拟出来，引导学员去探索事物的本质及内在联系。将一些抽象的概念、复杂的变化过程和运动形式，以内容生动、图像逼真、声音动听的教学信息展现在学员面前。

（2）良好的交互性。多媒体课件可以根据学员输入的信息，理解学员的意图，并运用适当的教学策略，指导学员有针对性地学习。

（3）极大的共享性。随着互联网的不断普及，多媒体课件所包含的教学内容可以方便地在网络上实现共享，使知识的传播不再受限于时间和地点，学习内容覆盖面也更加广阔。

2. 制作多媒体课件的原则

多媒体课件质量的高低直接影响多媒体授课效果，因此培训讲师必须重视多媒体课件的制作，尤其是课堂教学用多媒体课件，其制作应遵循以下几个基本原则：教学性原则、科学性原则、技术性原则、艺术性原则、实用性原则。

（1）教学性原则。多媒体课件应用的目的是优化课堂教学结构，提高课堂教学效率，既要有利于教，又要有利于学。课件应反映先进的教学思想和教学理念，目标明确，同时制作时要考虑利用课件进行教学是否有必要。

（2）科学性原则。科学性是课件评价的重要指标之一，科学性的基本要求是课件中不能出现知识性错误，各种语言的配音要规范，文字、符号、图表、概念及规律的表述要准确。

（3）技术性原则。课件的操作要简便、灵活、可靠，这有赖于优良的多媒体技术。多媒体课件的技术性体现在两个方面：一方面，课件的技术性主要由使用程序中的数据结构、操作技巧及运行可靠性来决定；另一方面，通过技术的使用，把抽象的概念和原理、复杂的变化，通过技术合成，生成生动、逼真的教学信息。

（4）艺术性原则。如果一个多媒体课件在取得较好的教学效果的同时，还能够让学员感到赏心悦目，获得美的享受，那就说明这个多媒体课件具有很高的艺术性。这样的课件才堪称艺术与教学内容的统一，不仅能够激发学员浓厚的兴趣，还能够更好地展现教学内容。

（5）实用性原则。制作多媒体课件最终的目的是要将课件应用于教学、服务于教学。为提升教学效果，多媒体课件中哪些元素可以出现要根据教学的需要，不能出现与教学内容无关的元素，因为它们会分散学习者的注意力。

3. 制作多媒体课件的工具

制作多媒体课件的工具有很多，常见的有 PowerPoint、Keynote、Prezi、Flash、Authorware 等。其中，使用频率最高的是 PowerPoint。下面分别进行介绍。

（1）PowerPoint。PowerPoint 简称 PPT，是微软的 Office 系列组件之一，是最常用的幻灯片制作工具。它的主要功能是将各种文字、图像、声音、视频等多种信息以幻灯片的方式展示出来。由于它编辑信息的功能比较强大且简单易学，所以很多老师都是用 PPT 来制作课件的。PPT 内置丰富的动画、过渡效果和声音效果，并有强大的超级链接功能，可以直接调用外部众多文件，所以它完全能够满足一般教学要求。但 PPT 的动画有些生硬且样式少，交互功能实际上就是靠超级链接实现的，对于交互性要求较高的课件显得力不从心。

（2）Keynote。Keynote 诞生于 2003 年 1 月，是由苹果公司推出的一款演示幻灯片应用软件。Keynote 不仅支持几乎所有类型的图片和字体，还可使界面和设计更加图形化，借助一种高科技的图形技术，制作的幻灯片也更吸引人。另外，Keynote 还有真三维转换功能，在切换幻灯片的时候，用户可选择旋转立方体等多种切换方式。

（3）Prezi。Prezi 是一种主要通过缩放动作和快捷动作使设计更加生动有趣的演示文稿软件。它打破了传统 PPT 的单线条时序，采用系统性与结构性一体化的方式来进行演示，可以从一个物件忽然拉到另一个物件，并且可以配合旋转等动作，很有视觉冲击力。

（4）Flash。Flash 是一种集动画创作与应用程序开发于一体的创作软件，也是一种交互式动画设计工具，用它可以将声音、图像、动画等融合在一起。

（5）Authorware。Authorware 是一种基于流程的图形编程语言，被用于创建互动的程序，其中整合了声音、文本、图形、简单动画，以及数字电影。Authorware 是一个图标导向式的多媒体课件制作工具，使非专业人员快速开发多媒体课件成为现实，其强大的功能令人惊叹不已。它无须传统的计算机语言编程，只通过对图标的调用来编辑一些控制程序走向的活动流程图，将文字、图像、声音、动画、视频等各种多媒体信息数据汇在一起，就可达到多媒体课件制作的目的。

二、多媒体课件素材的采集方法

多媒体课件素材是指多媒体课件中所用到的各种听觉和视觉素材。一般来说，根据文件格式不同，可以将多媒体课件素材分为文字、声音、图像、动画、视频等类型。本部分以常用的 PPT 制作为例，阐述课件素材的采集方法。

制作 PPT 时需充分利用多媒体素材，好的 PPT 一方面体现了设计者的逻辑，另一方面也体现了设计者的审美。有美感的 PPT 需要大量的优质素材，这些用来美化 PPT 的素材我们称为制作 PPT 的"原材料"。在设计 PPT 时，最大的痛苦往往不是如何美化素材，而是根本不知道去哪里寻找素材。下面介绍快捷获取素材的方法。

1. 字体

在设计 PPT 时，不能忽略 PPT 中的字体，合理使用字体能使 PPT 立即与众不同。不同字体的效果不同，不同的字体也包含了不同的"情绪"，在设计 PPT 的过程中，根据整个 PPT 的内容和风格选择一款合适的字体是一个至关重要的环节。

在微软的操作系统里默认安装的字体是非常有限的，要丰富 PPT 的设计感，就要主动安装各种漂亮的字体。推荐使用"找字网"，比较有名的中文字体，如方正系列、造字工房、锐黑系列、华康系列、叶根友系列等字体都可以在"找字网"上找到安装文件。

特别注意：使用商业字体需支付版权使用费，在制作 PPT 时一定要注意避免字体侵权，在使用一款字体之前，一定要了解该字体是否为免费字体。

2. 图片

要找到优质图片，就得收藏一些找图的优质网站。不过优质图片往往都有版权，即使是从网络上免费下载的图片，用于商业场合，也可能涉及版权问题。当然，也有一些网站专注于收集免费且可商用的图片，如图片网站 Pixabay，只需在搜索框中输入关键词进行搜索，就可以得到一系列相关图片，这些图片均是免费且可商用的。

除了 Pixabay，还有 Pexels、Unsplash、Freepik 等免费图片网站，以及全景网、500px 等付费网站，这些网站中的图片质量都很高。在使用时，可以多个网站逐个查找，直到找到自己最想要的图片。

3. 模板

目前，国内的 PPT 模板分享社区发展已经相对成熟，在这里给大家推荐几个作品品质较好的网站。在挑选模板时,可以结合各个网站的特点,取长补短,综合使用。

(1) OfficePLUS。这是微软官方的模板商城,不仅作品质量有保证,而且作品可以免费下载。它主要提供总结报告、项目策划、产品推荐、实用图表等模板和素材,是非常好的 PPT 学习交流平台。

(2) 演界网。演界网是隶属于锐普的 PPT 模板销售网站,拥有大量优秀的付费模板。

(3) PPTSTORE。PPTSTORE 是国内知名的 PPT 模板销售网站,拥有大量精美的 PPT 模板,入驻了大批原创能力较强的作者。

(4) 第 1 PPT。第 1 PPT 拥有大量的 PPT 模板,全部可以免费下载,是对 PPT 初学者非常友好的一个平台。

在制作课件的实践中,需下载家政相关模板,可以通过以上推荐网站,逐一输入"家政"关键词去查找。不同的网站有不同的模板,使用中可以综合几个网站家政 PPT 模板的优势,也可以模仿借鉴优质的 PPT 模板,最终开发出个性化的家政课件 PPT 模板。

4. 插件

(1) PPT 美化大师。PPT 美化大师是一款 PPT 软件美化插件,它为用户提供了丰富的 PPT 模板、图形等,具有一键全自动智能美化的功能,系统稳定、操作简易、运行快速,是办公人士必备的一款 PPT 设计辅助工具。安装 PPT 美化大师插件后,该插件会自动出现在 PPT 中,可以直接辅助设计。

(2) iSlide。iSlide 是一款基于 PPT 的一键化效率插件,提供了便捷的排版设计工具,能帮助使用者快速进行字体统一、色彩统一、矩形或环形布局、批量裁剪图片等操作。iSlide 具备 8 个资源库,包括案例库、主题库、色彩库、图示库、图表库、图标库、图片库和插图库,所有资源即插即用,使 PPT 设计简单起来。安装 iSlide 后,该插件会自动出现在 PPT 中,可直接辅助设计。

三、多媒体课件的开发流程

多媒体课件开发的基本流程如图 5-4 所示。

1. 内容选择

通常选择那些既适合用多媒体技术呈现的,又在教学活动中亟须解决的问题作为课件内容,具体应注意以下几个方面。

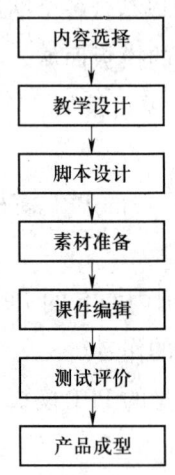

图 5-4 多媒体课件开发流程

(1) 教学要求。明确使用多媒体课件具体是对哪门课程进行辅助教学的,明确教学内容和教学范围,明确使用多媒体课件所要实现的目标。

(2) 教学对象。应根据教学对象来制作多媒体课件。制作时要着重考虑学员的文化程度、年龄、学习能力等。

(3) 课件的运行环境。课件的运行环境,包括计算机的硬件环境、软件环境和课件播放环境。

(4) 课件的组成部分。清楚所制作的课件属于哪种类型,了解课件的大体结构、主要模块,以及各个主要模块之间的相互联系。

2. 教学设计

教学设计应根据教学目标完成。课件的教学设计主要有教学单元的划分、选择适当的教学模式、多媒体信息的选择、知识结构的建立、形成性练习的设计等。

3. 脚本设计

撰写脚本是课件设计者按照教学思路和要求对课件的教学内容进行描述的一种方式。脚本是课件开发的直接依据。撰写脚本就是具体地描述应向学员传递的信息内容,从学员处得到信息后判断和反馈,最后在脚本的基础上编排课件。

4. 素材准备

素材包括文本、图像、动画、声音、视频等。素材的准备工作主要包括文本的录入,图形、图像的制作与后期处理,动画的编制和视频的处理等。素材要以理想的形式呈现教学内容，以满足学员听得懂、看得清、记得牢的要求，应慎用那些不符合教学规律和教学内容的素材。

5. 课件编辑

课件编辑指利用课件制作工具对各种素材进行编辑，按照教学设计所确定的课件结构和脚本设计的具体内容将各种素材有机地结合在一起。编辑出交互性强、操作灵活、视听效果好的多媒体课件。

6. 测试评价

完成课件制作后，要检查课件的教学单元设计等是否都已达到要求，检查课件信息的呈现、交互性、教学过程控制、素材管理等是否已达到预期目标，不过这个阶段主要还是对已经制作完成的多媒体课件进行测试运行，找出其中可能存在的错误。检查测试可以从错误测试、功能测试和效果测试三个方面逐一进行。

7. 产品成型

通过测试评价后的课件还需要试用一段时间，以便进一步完善修改，最终可将此多媒体课件制作成产品以便推广使用。

四、多媒体课件的应用

1. 播放测试

在对多媒体课件进行播放测试时，要重点检查多媒体课件的画面比例是否正常，视频、音频是否清晰和流畅，特效链接和素材嵌入是否有缺损，动画顺序是否无误，字体显示是否正常等。需要特别注意，在测试时，一定要注意不同设备之间版本的兼容性，一般来说，高版本可以兼容低版本，但低版本不能兼容高版本。建议使用相同版本的软件进行课件的播放，如果不能正常播放，可以尝试安装兼容包。在测试时，要确保计算机、话筒、音响等相关设备能够正常运行。

2. 演讲

这里的演讲，对于培训讲师来说，就是利用课件授课。讲好课不仅需要培训讲师具备良好的口才和一定的技巧，还需要与多媒体课件的完美配合。一般需要多次演练，才可能取得较好的效果。另外，建议培训讲师授课时，使用激光翻页笔辅助讲授，提升授课效果。

3. 发布与分享

培训讲师可以将制作好的多媒体课件通过互联网进行发布，以便同行之间的切磋交流与学习。为了更好地保护知识产权，建议培训讲师将多媒体课件转成 PDF 格式。

第七节 微课的制作与应用

微课诞生于快速发展的信息时代，日新月异的技术工具使得微课创作越来越多样化、平民化、低成本化、人性化、高效化，满足了人们的学习需求。微课教学已经成为一种潮流，被广泛应用于教育和培训行业。

一、认识微课

1. 微课的定义

微课又名微课程，至今尚无统一的定义，较有代表性的观点是：微课是以微型教学视频为主要载体，针对某个学科知识点或教学环节设计开发而成的一种情境化、支持多种学习方式的在线网络视频课程。

家政微课则是指围绕母婴照护、养老护理、收纳保洁等核心家政技能开发的教学视频，一个短视频中一般仅包含一个知识点，而且一般不超过 10 分钟，方便家政从业人员随时、随地进行学习和提升技能。

2. 微课的特征

微课具有"短""小""精""悍"的显著特征。"短"是指微课要控制好时长，因为教学时间较短才有利于学员保持注意力；"小"不是指微课的知识点小，而是指微课资源所占的物理空间较小，有利于在互联网上进行传播和使用；"精"是指微课需要精心地进行教学设计，微课不是简单地录制课堂教学的视频片段，而是需要结合教学目标，配以合适的教学设计来实现；"悍"是指微课的主题要明确，做到突出学科知识点或者技能点，以起到良好的教学效果。

二、微课的制作过程

微课的制作过程,如图 5-5 所示。

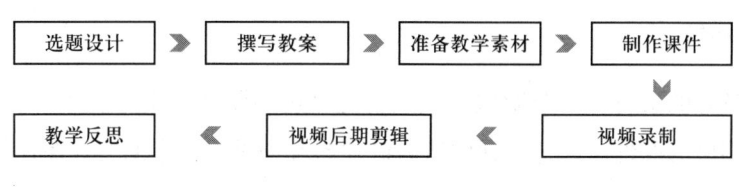

图 5-5 微课的制作过程

1. 选题设计

确定选题是制作微课的首要环节,科学的选题是成功制作微课的关键。一节微课一般讲授一个知识点,用教学中的重点、难点来制作微课,是一个较好的选择,比较符合微课制作的初衷。选取知识点时通常要做以下考虑:尽量选择热门的考点、教学的重难点;尽可能细,并且争取用相对短的时间讲解透彻;将知识点按照一定逻辑分割成很多个小知识点。

2. 撰写教案

根据选题及教学要求,撰写教案。

(1)切入课题要新颖、迅速。由于微课时间短,因此在设计时要注意切入课题的方法,力求切入课题新颖、迅速,以把更多的时间分配给内容的讲授。

(2)明确一条线索。在微课的设计中,务必只有一条线索,在这条线上划分重难点内容,安排讲解步骤和顺序。案例应精挑细选,并且其内容必须做到充分、准确、不会引发新的疑问。在设计微课时要注意巧妙启发、积极引导,力争在有限的时间内,圆满完成微课所规定的教学任务。

(3)结尾要精且科学、快捷。在微课的设计中,小结是必不可少的,它是对内容要点的归纳。好的微课小结可以起到画龙点睛的作用,还能加深学习者对所学内容的印象,减轻学习者的记忆负担。微课小结不在于长而在于精,结尾要科学、快捷。

(4)制作简易教案。一节微课虽然简短,却可以承载优质的内容。良好的构思、设计是产生优质微课的前提,在微课的设计过程制作简易的教案是产生高质量微课的重要保证。

3. 准备教学素材

根据选题内容和教学设计，通过查阅书籍、网络等获取图片、文字、声音、动画等素材资源，为微课设计提供支撑。

4. 制作课件

根据准备好的素材，结合微课知识点，充分运用图片、文字、声音、动画等多媒体素材制作相应的课件。课件可辅助培训讲师的现场讲授，帮助突破课程的重难点。

5. 视频录制

微视频是微课的核心，微课的录制可以选择录屏或拍摄。

录屏就是用录屏软件对教学过程进行录制，它对软、硬件的要求不高，只要有一台装有录屏软件的计算机即可。录制时培训讲师只需将精心准备的课件在屏幕上演示出来，选择好录制的视、音频格式，软件就会全程录制培训讲师的屏幕操作和讲解，整个过程操作简单、方便易行。

拍摄就是用摄像机对教学过程进行录制。需要的硬件主要包括摄像机、灯光等设备。培训讲师应提前试讲，摄像师应注意调整摄像机机位，多采用中景、近景和特写等小景别画面，多使用固定镜头，以保证视频质量。另外，由于培训讲师要录制在屏幕上，因此培训讲师要仪表端庄、衣着整洁得体、教态自然、举止得当。

视频录制前，一般都要创设教学场景，因为这样录制的视频，会更加生动、有趣。

6. 视频后期剪辑

视频后期剪辑主要包括片头、片尾、提示性画面或音频的插入，对已录制好的视频进行编辑和美化，对画面进行剪辑，删除无效镜头，同时配上背景音乐、字幕、转场等特效和滤镜，以使视频呈现更好的效果。由于学员主要通过计算机或移动设备进行微课的学习，容易受到外界环境的干扰和学习时随意心理的影响，往往参与度不是很高，所以在后期加工时，要加入吸引学员注意力的元素，借用鲜明的提示性画面或警示性音频素材，持续激励其学习。

7. 教学反思

教学反思是制作微课程的重要部分，应及时听取学员观看后的意见，对学员不满意的方面要加强交流，寻找解决方法和途径。还要多观摩同行的优秀微课作品，多借鉴他人的闪光点，多研讨交流，不断提升微课制作水平。

三、微课的制作方法

按照微课开发中使用的技术分类，通常分为 PPT 类微课、录屏类微课、拍摄类微课等。不同类型的微课，可采用不同的制作方法。

1. PPT 类微课制作

PPT 演示录屏非常常见，常用于制作知识讲解类型的微课。随着幻灯片功能和种类的日益丰富，培训讲师常用的 Microsoft Office PowerPoint 2016 软件或以上版本可为每页幻灯片录制讲解旁白，并保存成视频格式。

（1）特点。使用幻灯片演示文稿软件制作微课，主要是与日常教学使用幻灯片的习惯相匹配。培训讲师对幻灯片的界面熟悉，能方便、快捷地将教学知识通过幻灯片呈现，如果能够制作简单的动画、配背景音乐、录制旁白、对幻灯片进行标记，这样可以更清晰地讲解相关知识点。

（2）制作准备、方法、步骤

1）制作准备。Microsoft Office PowerPoint 2016 软件或以上版本、麦克风。

2）制作方法。利用软件自带的录制旁白并导出视频的功能，讲师对教学内容进行讲解、演示后直接导出微课视频。

3）制作步骤简述

第一步：针对选定的教学主题，收集教学材料和媒体素材，制作 PPT 课件。

第二步：调整好麦克风的位置和音量，控制好制作场所的噪声。

第三步：利用 PPT 的录制旁白功能进行录制，讲师讲解并演示教学内容。

第四步：录制结束后，保存并创建视频，后期可将微课视频进行必要的编辑和美化。

2. 录屏类微课制作

录屏类微课是指培训讲师借助屏幕录制软件，将幻灯片演示与讲解全过程录制成视频，不仅可以录制讲解旁白，还能录制屏幕上的操作等。该类微课可根据教学要求来决定是否需要录制培训讲师，录制后需要使用视频后期处理工具对其进行剪辑、合成。Camtasia Studio（简称 CS）在录屏类微课制作中应用较为广泛，它是美国 TechSmith 公司出品的用于屏幕录像和视频编辑的软件，该软件可以进行屏幕操作的录制和配音、视频的剪辑和转场动画、添加说明字幕和水印、制作视频封面和菜单、视频压缩和播放等，总而言之，CS 是一款功能强大的录屏工具。

（1）录制屏幕。CS 最常用的功能就是录制屏幕，这个功能主要是将计算机屏幕上的操作变化、旁白的声音都录制下来，这也是录屏类微课的制作原理。录制的主要步骤如下。

第一步：启动软件，选择录制屏幕。

第二步：进入屏幕录制界面，设置录制选项，点击录制按钮开始屏幕录制。

第三步：根据需要，选择幻灯片和录制场景，开始旁白录制。

第四步：按 F10 停止录制，预览视频效果。

第五步：编辑文件名，选择保存路径，保存文件。

（2）剪辑视频。使用 CS 录制视频后，就要对视频进行剪辑，良好的剪辑效果更能突显微课的价值。CS 剪辑一般按照以下步骤进行。

第一步：导入图片、视频及音频，在时间轴上整理好。

第二步：对时间轴上的素材做基础的编辑，如剪切、分割、移动等。

第三步：编辑音频。

第四步：添加旁白。

第五步：添加标题和转场。

第六步：使用自动对焦、缩放、平移及其他动画特效。

第七步：添加注释、行为、指针特效及其他视觉特效。

第八步：添加标记和测验。

第九步：添加字幕。

第十步：输出剪辑好的视频。

（3）制作注意事项

1）使用 CS 录制屏幕时，可以选择"全屏录制"，也可以选择"自定义"进行局部录制。

2）使用 CS 录制的视频是扩展名为 .trec 的文件，是 CS 的专用格式，需要输出为 MP4 等格式才能在其他播放器打开。

3）录制好的视频，需要添加旁白、注释、字幕、转场等特效，才会有更好的效果。

3. 拍摄类微课制作

常见的拍摄类微课是用摄像机进行拍摄，随着手机录像技术快速发展，现在使用手机录制视频，使制作微课更加便捷、高效。常见的拍摄类微课分为两种：一种不出现培训讲师，另一种出现培训讲师。

（1）特点。拍摄类微课可以录制培训讲师，培训讲师应按照日常习惯讲课，无须改变习惯，黑板上的内容应与培训讲师画面同步，可以采用专业摄像机或者手机拍摄。当前手机像素越来越高，拍摄技术难度低，操作快捷方便，所以拍摄类微课被广泛应用于低成本的微课制作，以下以手机拍摄为例说明拍摄类微课的制作。

（2）方法与步骤

1）制作方法。使用手机对培训讲师的教学过程进行录制。

2）制作步骤

第一步：固定手机支架，将手机安放在支架上，调整位置，使手机镜头对准培训讲师。

第二步：建议两个以上机位同时拍摄，调节手机镜头的焦距，注意远景、中景、近景和特写镜头的交叉使用。

第三步：开始录制微课，对教学内容进行讲解。

第四步：录制完成后，可对视频进行后期修改（可以采用剪映、会声会影、Premiere 等软件）。

（3）制作注意事项

1）个人形象。培训讲师要有好的精神状态，应稍微化淡妆，不穿与背景颜色一致的衣服，不穿条纹太密的衣服，慎重对待白色等浅色衣服（防止过度曝光）。

2）个人视线。视线尽可能与摄像机镜头齐平，注重眼神交流。

3）个人声音。应声音洪亮，吐字清晰，保留思考的时间，允许偶尔出现小错误。

4）个人的动作与手势。注意移动的范围，不要走动过远，可适度使用手势。

5）多机位拍摄。拍摄过程注意多机位同时拍摄，保持取景角度的差异，同时注意不同镜头的使用，进行一些技能操作时应采用特写镜头，突出重点。

4. 微课制作相关工具

（1）格式转换工具。格式工厂（Format Factory）可用于音视频文件的合并、分割、裁剪、去水印等，是一款多功能的多媒体格式转换软件，完全免费，它最大的优势在于可以支持大多数视频、音频及图像不同格式之间的相互转换。

（2）剪辑工具。剪映是由抖音官方推出的一款手机视频编辑工具，带有全面的剪辑功能，支持变速，有多样滤镜和美颜的效果，还有丰富的曲库资源。目前，剪映支持在手机移动端、平板计算机端（Pad 端）等全终端使用，是一款非常方便的免费剪辑工具，可以对微课中多余的画面和镜头轻松地进行处理，可以方便地添加各种特效和滤镜效果。

四、制作微课的意义

要做好微课,更要用好微课。回归实用,发挥微课助力教和学的价值,才是微课资源建设的最重要目的。

1. 支持"互联网+"时代的移动学习

微课作为短小精悍的学习资源,学员借助智能终端即可观看微课,从而实现碎片化的移动学习。随着"互联网+"时代的到来,利用智能终端观看微课视频进行学习的方式也越来越受到学员们的欢迎。微课的出现,不是使用视频取代培训讲师,也不是让学员孤立、无序学习,而是顺应时代的变化,让随时随地学习成为可能,同时学员可以根据自己掌握的程度,开展个性化学习。家政微课的出现,满足了大量一线家政从业人员的学习需求,通过学习优质的微课操作示范等内容,可以有效提升家政从业人员的素养。

2. 促进培训讲师专业发展

不仅学员可以通过微课学习获取更多的优质学习资源,培训讲师也可以在参与微课资源建设的过程中锻炼教学设计能力、微课开发能力,所以说制作微课能促进培训讲师的专业发展。一方面,培训讲师可以通过微课学习其他讲师的教学理念和教学设计,进行教学问题的探讨和交流;另一方面,培训讲师在参与微课资源建设的过程中,可以通过微课制作来提高综合素质和教学能力,在知识点选择、教学内容设计、课程讲授等方面均能得到全面的锻炼。

3. 助力企业员工培训

微课作为新的学习方式、教学模式,不仅在教育领域拥有广阔的前景,在企事业培训中也有广泛的应用。微课已成为重要的在线学习资源,成为企业内部员工培训和个人继续教育的重要载体。微课正在与不同行业密切结合,慢慢融入各行各业教与学的各个环节。

当前家政领域优质、系统的微课,普遍由一些优质家政企业提供,需要付费购买,还没有惠及广大的家政从业人员。"新冠疫情"期间很多地方开启了由政府购买服务的模式,为当地家政从业人员提供了大量优质微课,推动了当地家政从业人员素质的整体提升。

第八节　网络直播培训教学

在"互联网＋"的大时代背景下,"直播＋教育"的迅速发展是大势所趋。"直播＋教育"的发展源于学习者的个性化教育需求,也服务于学习者的个性化教育需求。许多企业开始意识到网络直播培训的作用,是在新冠病毒流行时,当时部分线下培训被迫转到线上开展网络直播培训,促进了网络直播培训的发展。

一、网络直播培训与线下现场培训的异同

传统的培训以线下现场培训为主,随着网络直播教育的兴起,尤其是新冠疫情后,网络直播培训开始发挥越来越重要的作用。不过,网络直播培训也不能替代线下现场培训,因为线下现场培训与网络直播培训有其各自天然的优势,两种培训形式倒是可以实现优势互补。培训机构可以根据不同的需求,选择不同的培训形式。

1. 授课环境不同

一般来讲,线下现场培训中学员、讲师及主办机构处于相同的教学环境。而网络直播培训中虽然参与人员同样为学员、讲师及主办机构,空间上却有着巨大的区别。网络直播培训的教室为网络平台,学员的学习环境更加多元化,可以是家庭环境或者是工作环境,甚至是公共场所,而讲师也从现场培训的"讲台"走向"网络平台",培训的基础环境发生了变化。

2. 教学场景复杂度不同

通常线下现场培训中,教学场景简单,一位讲师面对的是几十位学员,讲师与学员可以适当地进行现场交流和互动,而较为有效的课堂互动有利于提升学员的学习效果。网络直播培训的场景则较为复杂,一般情况下,网络直播培训的学员人数较多,少则几十名,多则成百上千名。在此情况下,网络培训的困难则会凸显,其中因人数过多导致的培训讲师与学员之间互动难的问题最为突出。然而,由于网络培训平台信息传递方式的特点,学员在参与培训时,只能看到讲师一个人,所以此时的网络直播培训对于学员来讲接近一对一的培训,这是网络直播培训的优点。

3. 培训体验不同

网络直播培训与线下现场培训既存在着功能上的互补,又存在着许多差异。首先,课堂互动性不同,线下现场培训互动性强,培训讲师可以随时与学员互动,网络直播培训互动性较差,即使可以通过留言进行互动,但培训讲师无法观察到每位学员实时的反馈。其次,学习场景的区别,也会造成体验感的不同。线下现场培训场景感强,沉浸式教学效果好,有良好的学习氛围;网络直播培训场景感弱,学员容易受身边环境影响。教学管理方面,线下现场培训约束性强,管理人员和培训讲师可以对学员直接管理;网络直播培训约束性弱,对学员难以做到实时管理。

二、网络直播培训的优劣势

1. 网络直播培训的优势

传统的线下培训课堂因受时间、空间等约束条件的影响,同时存在学员"工学矛盾"难以调和、教学组织成本较高、学员主动学习意识不强、培训效率欠佳等问题。"互联网+"时代下,现代信息技术被越来越多地应用于培训工作,网络直播培训可破除线下培训的众多局限,实现企业培训价值链的升级与重构,其优势可主要概括为以下几点。

(1) 培训方式更为灵活。传统线下培训的实施过程中,部分参培学员受到时间、工作等诸多因素限制,结果课程学习断断续续,这在很大程度上会影响企业教育培训的整体效果。然而线上培训充分体现了"以学员为中心"的教育培训理念,不再受时空条件的限制,参培学员可以随时、随地、按需、反复、自主地开展学习,提高专业技能。同时,它也解决了各地人员集中培训耗时费力、受场地限制等问题。

(2) 教学资源趋于共享。互联网具有覆盖面广、传播速度快的优势,通过网络共享及资源共创合作机制,可构建承载企业培训资源的线上培训平台,汇聚更加丰富、多元化的学习资源,能在同一时间针对不同学员提供"菜单式""点单式"的培训课程。在将优质教育资源惠及更多学员的同时,还能构建企业独特的线上培训课程资源库。

(3) 培训更为节约。线下开展培训的成本往往包括学员集中成本、硬件资源成本、授课专家成本等,而线上培训无须将学员集中,且几乎没有硬件损耗。在培训预算一定的条件下,线上培训模式不仅可以容纳更多学员,还能相对降低人均培训成本,学员只需准备一部手机或者一台计算机就可以完成课程学习,这种模式更为高效、便捷,可产生更大的培训价值。

(4)培训管理更加优化。线上培训可将日常培训管理活动转移到线上培训平台,通过对大数据技术的应用,实现培训资料的数字化、自动化、全流程管理,减少线下资料整理时间,大幅度提升企业培训管理的工作效率。

2. 网络直播培训的劣势

在网络直播培训实践中,网络直播培训有其优势,但也存在一定的不足。

(1)不利于师生教学互动。相对于线下现场培训,网络直播培训中的师生互动有所欠缺。传统教学模式下,培训讲师可以通过学员课堂表现(如眼神、动作、语言等)对授课内容、授课速度加以调整,还可以通过语言、肢体动作等方式对学员进行鼓励、引导,互动频率高,容易使教与学融为一体。网络直播培训授课过程中,虽然也可以通过课堂签到打卡、课后学员提问、培训讲师解答等进行沟通,但上课过程中学员的直观反应不容易被培训讲师掌握,讲师也难以把握学员存在的普遍性问题并及时解决。

(2)学员受到的干扰多。网络直播培训授课对学员的自主学习能力是一个极大的考验。在传统面授开课形式中,培训讲师可以对学员进行课堂监督;在网络直播培训中,由于是隔空对话,讲师并不能及时获取每位学员的学习动态,虽然学员在线,但不能保证听课效率,对讲师所讲知识的掌握程度更多取决于学员个人的自律。所以,对于自律性较弱的学员来说,网络直播培训的学习效率会比较低。

(3)不适合实践操作类课程。网络直播培训的优势偏向于理论教学,不适合实践操作类课程的培训。虽然培训讲师端可以演示,但是对于学员来说,无法判断自己的操作是否规范和正确。培训讲师也无法全面评价学员的操作,不能给予实时的反馈。家政实操类技能网络直播培训,如催乳技术可进行理论与实践的一体化教学,仅通过网络直播培训催乳手法操作是无法达到最佳的教学效果的。

三、如何做好网络直播培训

1. 在线直播培训平台选择

在线直播培训平台是实施在线直播培训的阵地,可以采用行业间开放的外部直播平台或者自建平台。外部直播平台的优势是拿来即可用,且经过市场检验,相对成熟稳定,劣势则为不利于沉淀学习数据和保护知识产权。自建平台能实现员工学习数据的全记录,且能边播边录生成课程视频,但开发维护成本高。

选择在线直播培训平台需要关注两个基本点：一是平台功能能否满足多元化教学展示、学习互动及数据统计分析；二是平台的易用性和友好性，即培训讲师端能否快速便捷地搭建直播及操作教学系统，学员端能否便捷接入、简单操作。网络直播的平台很多，钉钉直播和腾讯会议由于技术成熟、功能完善，受到广大用户的欢迎。

（1）钉钉直播。钉钉（Ding Talk）是阿里巴巴集团专为中国企业打造的免费沟通和协同的多端平台，提供 PC 版（计算机版）、Web 版（网页版）、手机版等，支持手机和计算机间文件互传，支持随时随地高效沟通的视频电话会议和群直播培训等。使用钉钉直播，方便直播人分享屏幕、录制头像，支持留言互动、连麦互动等，同时可以自动录制直播内容，并可以在群里分享，所以说钉钉直播是一个非常方便使用的直播工具。

（2）腾讯会议。腾讯会议是腾讯云旗下的一款音视频会议产品，具有多人同时在线会议、全平台一键接入、音视频智能降噪、美颜、背景虚化、锁定会议、屏幕水印等功能。该软件提供实时屏幕共享、电子白板、在线文档、会议弹幕、会议红包、会议录制、在线投票等功能，可以打造多互动协作空间，是一款优秀的视频会议工具，被广泛用于线上会议和直播培训。

2. 精心设计直播培训课程内容

网络直播培训课程一般在线学习人数较多，要以学习者为中心，精心设计直播培训课程。在设计网络直播培训课程时，要充分考虑线上培训的特点。线上直播培训过程中无法实现培训讲师与学员之间、学员与学员之间面对面互动，并且教学形式较为单一，存在无法使学员长期集中精力等缺陷，进而导致学员在线学习容易感到枯燥、产生孤独感。因此，课程设计时要从内容和形式两方面，增加直播培训课程的趣味性、互动性、时效性。

（1）内容上注重选择。在直播培训时一般学习人数较多，多数学员基础不同，对于培训内容的认知也不同。在选择培训内容时，要挑选一些有一定难度的课题，特别是对于学员来讲既熟悉又陌生的内容，这样可以很好地保证学习质量。

（2）形式上注重多样。直播培训课程形式要新颖，要充分利用多媒体元素，对直播培训内容进行润色，在形式上做到持续吸引学员。

（3）突出课程时效性。线上直播培训往往要求培训讲师在较短时间内完成培训，因此在课程设计上要突出时效性，以提高学员工作岗位能力为目的，按照"干什么学什么、缺什么补什么"的原则，与企业管理实际相结合。

3. 合理选择直播培训教学方式

（1）增加互动式的线上答疑。线上直播培训主要依靠学员自主学习能力，若在培训期间遇到的问题未能及时解决，学习积极性会显著下降。因此，在授课过程中，需尽量增加线上答疑环节，引导学员利用留言区与老师互动研讨，构筑线上交流平台，提升线上培训的交互体验。同时，直播培训期间应多通过提醒、表扬等方式鼓励学员交流研讨，分享学习心得，增强线上学习的获得感与存在感。

（2）加强针对性的学习引导。网络化学习环境缺乏授课老师的持续关注与其他学员的行为参照，学员容易产生惰性。因此，需要培训管理者在培训期间进行多方面引导，激发学员的主观能动性。课程开课前，培训管理者可发送宣传海报、课程链接，提醒学员提前安排好学习时间、准时开展学习；授课期间，可跟进式推送知识要点，实现学习重点实时追踪，并增加连麦环节，营造学习的紧张氛围；每门课程结束后，鼓励学员对课程内容重点、难点归纳总结，并通过线上展示精选留言的方式，激发学员对知识回顾的热情。

（3）引入个性化的激励机制。一般来说，线上直播培训项目的培训时间较长，学员一般在开始时还能保持学习兴趣，新鲜感过去后，学习热情易减弱，因此可考虑引入激励机制增加学习黏度。一是设置线上培训个人积分制度，在培训结束后，为积分靠前的学员颁发电子荣誉证书，发挥榜样的辐射作用；二是将线上学员培训考核结果向线下延伸应用，作为员工当期个人绩效、技能等级评价及评先评优的参考依据，充分调动员工参与线上培训的积极性，营造创先争优、比学赶超的学习氛围。

4. 注重直播培训过程管控

（1）设计应急预案。直播培训过程突发事件比传统线下培训要多且复杂，需提前考虑培训过程的风险点并制订应急预案。线上直播时偶尔会出现网络中断、延时的现象，因此培训管理人员在培训前应与培训讲师取得联系，辅助完成网络调整、告知应急情况下讲师端的处理方法，并且提前准备对学员进行安抚解释的话。在线培训时学员可能会针对课程内容或硬件支持有不同意见，甚至出现偏颇或负面情绪化的语言，此时培训管理者要以顺利实施培训项目为目的，及时对学员进行心理疏导和转移话题等。

（2）加强培训管理。培训过程中需要培训管理者按照项目设计要求做好线上直播培训管理，保证培训项目如期完成。一是进行直播测试，线上直播培训是重体验的教学活动，需要有清晰流畅的视听效果，在课程开始前须对教学课件、音频、视频进行试播，保证学员学习体验良好；二是持续关注学员，了解学习难点和困惑，鼓励学员参与学习分享研讨等互动环节，帮助其尽快适应线上学习环境。

（3）进行培训评估。培训评估是对直播培训效果的衡量与评价，对后续培训项目开发有着指导意义。一般来说，直播培训项目结束后要视情况让学员完成评估。针对全部培训项目都要安排培训满意度测评,针对时间较长的直播培训项目可考虑安排培训结业考试。

5. 网络直播培训新应用

网络直播培训经过一段时间的实践,已积累了较丰富的经验。在网络直播培训发展过程中,产生了"双师课堂"直播培训模式。"双师课堂"直播培训模式是一种全新的授课模式,是线上和线下、教育和科技相结合的全新教育模式。简单理解的话就是有两位老师,一位老师进行线上直播授课,另一位老师进行线下辅助。学员可以通过线上培训的方式来聆听名师的教育或者与名师互动,并且培训现场有一位辅助老师进行问题的答疑。

"双师课堂"直播培训结合了线下现场培训和网络直播培训的优势,已成为一种极受欢迎的网络直播培训模式,被广泛应用于各行业的培训。家政培训中多是家政技能培训,许多基本知识和技能需要进行理论实操一体化教学,学员学懂了理论,还需要实操,单纯的"一对多"直播培训存在较大的问题。而"双师课堂"直播培训恰恰解决了这个问题。作为"双师课堂"直播培训教学模式,一方面可以邀请家政服务业名师在远程终端直播授课;另一方面学员在本地有组织地听名师授课,本地还有一位老师辅导,技能操作是否规范主要由本地老师把关。它不仅很好地解决了优质师资紧缺的问题,也大大节约了培训的成本,该模式被越来越多的家政公司重视,并应用在家政技能培训中。

第六章 家政培训教学评价

第一节 教学评价的发展、功能、原则

教学评价是指在一定教育价值观的指导下,依据确立的教学目标,通过使用一定的技术和方法,对所实施的各种教学活动、教学过程和教学结果进行科学评价的过程。对培训进行评价,既可以检验培训的最终效果,又可以规范培训相关人员的行为。

一、教学评价理论的发展

教学评价的实践活动源远流长,至今已有相当长的历史。按照美国著名教学评价专家库巴的观点,教学评价理论大致可以分为四代,每一代评价理论都与其时代背景相关,也都有其特点,第一代强调测量,第二代强调描述,第三代强调判断,第四代强调协商与建构。

1. 以测量为标志的第一代教学评价

第一代教学评价始于19世纪中后期,至20世纪30年代结束,认为评价在本质上是以测验或测量的方式,测定学员对知识的记忆状况或某种特质。1869年,英国的测量专家高尔顿通过对个体差异的长期研究,发表《遗传的天才》一书,拉开了教育测量的序幕。1879年德国的冯特在莱比锡首创了心理实验室,逐步摸索出一套测量方法,对教学测量的发展起到了积极影响。1904年美国心理学家桑代克发表了《心理与社会测量导论》一书,系统地介绍了统计方法和编制测验的基本原理,为教育测量奠定了理论基础。测量理论在考试的定量化、客观化与标准化方面取得了重要的进展,但是过分强调对学员学习状况的量化测量，忽视了学习中的质的分析，无法真正反映学员的学习过程。

2. 以描述为标志的第二代教学评价

第二代教学评价盛行于20世纪30年代至40年代。这代评价认为评价的本质是描述——描述教育结果与教学目标的一致程度，代表人物是美国心理学家泰勒。泰勒认为，教学评价本质上是一种测定教学目标在课程和教学方案中究竟被实现多少的过程。在西方，教学评价被认为是在泰勒原理的基础上诞生与发展起来的，因此泰勒被称为"教学评价之父"。

3. 以判断为标志的第三代教学评价

第三代教学评价盛行于20世纪40年代末至70年代，强调以决策为导向，以判断为标志，要求评价者不仅要运用一定的测量手段去收集各种参数，还要帮助制定一定的判断标准，所以相应的时代被称为"判断时代"。第三代教学评价主要由美国教学评价家斯塔弗尔比姆倡导，他认为评价就是为管理者做决策提供信息的过程，包括背景评价（context evaluation）、输入评价（input evaluation）、过程评价（process evaluation）、结果评价（product evaluation），四者构成了CIPP评价模式。CIPP评价模式的基本观点是评价最重要的目的不在于证明，而在于改进。第三代教学评价提高了人们对评价活动的认可程度，对后面的教学评价产生了重要影响。

4. 以协商与心理建构为标志的第四代教学评价

第四代教学评价始于20世纪80年代，以美国著名教学评价专家库巴和林肯等人为代表，提出评价就是赋予被评事物价值，其本质是一种通过"协商"而形成的"心理建构"。他们倡导"全面参与"的意识，提出评价是所有参与评价活动的人们，特别是评价者与被评价者双方通过交互作用共同建构统一观点的过程。第四代教学评价的特点在于不是以单一的测试方法进行评价，而是以观察、记录学员完成的作品或任务、口头演说、实验等质性方式进行评价。

二、教学评价的功能

教学评价包含的内容很多，包括对教学过程中培训讲师、学员、教学内容、教学方法、教学环境、教学管理等因素的评价，其核心是对学员学习效果的评价和对培训讲师教学工作的评价。教学评价能够及时展示教学活动的效果，有效地指导培训讲师的"教"与学员的"学",提高教育教学的质量。教学评价是教育教学活动中的一个重要环节,其作用如下。

1. 鉴定和诊断功能

鉴定功能是指认定、判断评价对象合格与否、水平高低等。由于教学评价是依据一定标准进行的,这就决定了教学评价具有对评价对象区分等级、排列名次、评选先进、资格审查等鉴定功能。鉴定功能是教学评价的基本功能。

教学评价是一个长期、持续的检验和纠偏过程,它不仅可以对教学效果进行鉴定,而且可以对教育工作进行全程诊断。教学评价的诊断功能是指对教学成效、矛盾和问题做出判断的能力。通过教学评价,可以诊断出教学活动中哪些部分做得好,哪些部分存在问题,从而为持续改进教学工作提供信息。教学评价的诊断功能在提高教育教学质量上具有特别重要的作用。

2. 激励和调节功能

合理有效地运用教学评价,能够激励被评价者,调动其内在潜力,提高其工作的积极性和创造性。一般情况下,被评价者无论是个人还是单位,都有获得较高评价和实现自身价值的愿望,恰如其分的评价不仅具有诊断监督的功能,还具有强化激励的作用。正向的评价给人心理上的满足感,从而激励人们不断进取;负向的评价能让人从中感受压力和责任,找出与目标的差距,明确努力的方向和途径,并朝着目标前进。经验和研究都表明,在一定的限度内,经常进行评估获得反馈信息对培训讲师和学员都具有很大的激励作用,可以有效地推动教学水平的提升和学习质量的提高。

教学评价包含的信息可以使师生了解教和学的情况,培训讲师和学员可以根据反馈信息修订计划,调整教和学的行为,从而有效地工作以实现目标,这就是评价所发挥的调节作用。如果培训效果不理想,一定要分析原因,思考以下问题:培训的核心目标是什么?培训目标对学员的发展到底起到了什么样的作用?培训内容与学员的需求是否吻合?培训是否考虑到了学员的接受能力?如果发现问题,就要及时根据学员的需求和接受能力进行调整。

3. 教育和管理功能

教学评价可以通过评价目标和内容体系,发挥教育的功能。教学评价本身具有导向性作用,它会在教学过程中逐渐影响被评价者的思想、品质等,鼓励被评价者朝着理想目标前进。

教学评价通过各种目标体系的建立，从内在规范的角度影响被评价者教育或学习等活动计划的制订和组织实施，充分体现了其管理功能。

三、教学评价的原则

家政培训属于职业教育，职业教育以社会职业为导向，以培养学员胜任社会职业的能力为核心，所以家政培训的教学评价存在特殊之处，应遵循以下原则。

1. 客观性原则

客观性是教学评价的基本要求。客观是指按事物的本来面目进行教学评价，目的在于对培训讲师的教学或者学员的学习客观地进行价值判定。如果缺乏客观性，就会失去评价的意义。贯彻客观性原则，首先要做到标准客观，要确立科学的、符合教学规律的、符合家政培训讲师教学特点的评价内容体系。其次，要做到评价方法客观，结合发展性评价和终结性评价方法，注重定量评价与定性评价相结合。最后，要做到评价态度客观，不带主观性，体现教学评价的价值导向原则。如对于家政培训讲师评价而言，要考虑家政服务业的具体情况和特点，制定符合目前国情、适合家政培训讲师发展的评价体系，目标应以通过努力能够基本实现为宜。运用评价体系进行评估时，应注意真实、客观地反映情况。

2. 多元性原则

教学评价的多元性原则包括两个方面。一是评价主体的多元性。评价主体不仅包括培训讲师、学员，还包括与教育活动有关的家长、社会等，从而实现评价主体的多元性。二是评价角度的多元性。对培训讲师而言，在进行评价时，不仅要对教学过程进行评价，还要对培训讲师在教学过程中所体现的教学理念、教学态度、教学能力等要素进行综合评价。从学员角度来说，评价的内容不仅包括最终的学习成绩，还包括学习动机、学习兴趣、学习态度、学习习惯、学习意识等个性发展因素。通过多元化的评价，综合衡量培训质量，把教学过程与评价过程融为一体，最大限度地发挥评价对教学活动的导向、反馈、诊断、激励等功能。

传统的教学评价通常是由管理者来完成的，主要是通过观察培训讲师的教学过程及学员的学习过程进行评价。但是，职业教育是开放性的社会化教育，职业学校的教学质量只有得到用人单位、学员的认可，才有实际意义与生命力。所以，职业教育的多元化评价就要充分考虑教育的社会性因素，面向实际、面向社会、面向学员。社会对职业教育的要求是多方面的，通过分析社会参与评价反馈的信息，可以了解社会目前的需要，培养符合社会需求的学员。

3. 可操作性原则

教学评价是一项复杂而细致的工作，信息密度大，评价层面多，要注意坚持评价的可操作性原则，评价指标体系的设立既要做到科学合理，又要做到内容通俗易懂，方便操作。在量化指标的选择上，要选择符合家政职业教育要求的指标，不能舍本逐末，更不能为了量化而量化。

第二节　教学评价的步骤与方法

教学评价涉及面很广，包括对整个教学过程中的教学内容、方法、效果及管理等因素的评价。为实现教学评价的目标，提高教学评价的效率，教学评价必须按照一定的步骤和方法进行。

一、教学评价的步骤

一般而言，教学评价可以分为三个阶段，即准备阶段、实施评价、分析与反馈阶段。

1. 准备阶段

准备阶段主要就为什么要评价、谁来评价和评价什么等问题做充分准备。这一阶段的主要工作包括组织准备、人员准备、方案准备，以及评价者和被评价者的心理准备。

准备阶段的首要任务是根据教学评价的目的，确定评价的内容、范围、方法、程序和预期结果等。在评价中使用多种方法，以获得更全面、更完整的信息，进而使评价能够真实反映被评价对象的本质特征，使评价结论具有坚实的依据，最终发挥评价的积极作用。

2. 实施阶段

实施阶段是教学评价的中心环节，这个阶段的主要任务是根据计划收集评价信息，在进行审核和归类的基础上，按照明确的标准进行评价，在评价结果中要给出明确的分数、等级、定性描述等评价意见，最后将分项评定的结果汇总形成综合评价。

3. 分析与反馈阶段

评价的目的不是简单地对被评价者进行等级分类，而是为了有效促进教与学，因此需要对被评价者的状况进行系统评论，帮助被评价者找出存在的问题及问题的症结，并将评价结果反馈给被评价者，以引导、激励被评价者不断完善自己，同时为培训讲师或教育管理机构提供决策依据。

二、教学评价的主要方法

教学评价方法是人们为了认识教学活动的价值，以教学活动的某一要素或者全部要素为对象进行价值判断所采取的方式、程序和手段的总称。教学评价方法根据不同标准有多种分类方法，这里介绍常见的两种。

1. 根据实施功能划分

根据实施功能的不同，教学评价可分为诊断性评价、过程性评价和总结性评价（见表6-1）。

表6-1　　　　　　诊断性评价、过程性评价和总结性评价

类型	主要目的	发生时间	应用场景
诊断性评价	了解学员当前的基础	教学活动前	摸底考试
过程性评价	促进学员发展，强化并改进学员的学习状况，调整教学方式	教学活动中	课堂讨论、展示
总结性评价	评定学习结果	教学活动后	考察、考试、考核

（1）诊断性评价。诊断性评价指对评价对象的现实状况、存在的问题及产生的原因所进行的判断。诊断性评价通常在教育计划实施的前期进行，重在对学员已形成的知识、能力、情感等发展状况做出合理的评价，为教学计划的有效实施提供可靠的信息资源。

（2）过程性评价。过程性评价的"过程"是相对于"结果"而言的，它是重点关注教学过程中学员日常学习表现、所取得的成绩及所反映出的情感、态度、策略等方面而做出的评价，是基于对学员学习全过程的持续观察、记录、反思而做出的发展性评价。旨在确认学员的潜力，激励学员学习，帮助学员有效调控自己的学习过程，及

时修改学习计划，以期获得更加理想的效果。

过程性评价通常在教学和学习过程中进行，在过程中的某一阶段，针对某一内容，进行及时的反馈，并根据学员个体的差异进行有针对性的矫正。相较于其他两种评价类型，它测试的次数较多，概括的水平较低。

（3）总结性评价。总结性评价又称终结性评价，一般是在教学活动告一段落后，为了解教学活动的最终效果而进行的评价。总结性评价的目的是做出对教学效果的判断，从而区别优劣、分出等级或者鉴定合格水平，并与教学效能核定联系在一起。

2. 根据评价方法划分

根据评价方法的不同，教学评价可分为定性评价和定量评价。

（1）定性评价。评价者根据对被评价者平时的表现、状态、资料的分析，通过观察、访谈等形式，利用专家的知识、经验对被评价者做出定性的判断，如评出等级、写出评语等。这种评价更加关注学员在"质"方面的发展，关注教学结果与教学目标之间的一致性，比定量评价简便易行。但定性评价有时评价结果模糊笼统，弹性较大。常见的定性评价方法有观察法、访谈法等。

1）观察法。观察法是指评价者通过自身的感觉器官或借助一定的科学设备，有目的、有计划地对被评价对象进行系统、深入的观察，以获得被评价者准确、客观资料的方法。观察法能够获得被评价者比较充实、客观的原始资料，从而做出判断，为教学评价提供重要依据和前提。观察法是教学评价中常用的方法之一，在对培训讲师和学员的评价中，都有广泛的应用。如评价者通过外部观察，可以了解师生的精神面貌；通过现场听课观察，可评价培训讲师的课堂教学。尤其在评价学员的综合发展时，观察法能获得其他方法收集不到的重要信息。

2）访谈法。访谈法是通过与被评价者进行口头交谈的方式，了解收集有关资料，获得有关评价信息的方法。访谈法在教学评价中也有着广泛的应用，无论是评价机构还是评价个体，评价者常常通过访谈的方式收集评价信息。访谈法的优点是调查过程呈现互动性，具有较好的灵活性和适应性，也具有较强的可控性；访谈法的缺点是需要更多的时间和经费、标准化程度低、难以统计，这些因素可能会影响结果的真实性。

（2）定量评价。定量评价具有客观化、标准化、精确化等特征，在一定程度上满足了以选拔、甄别为主要目的的评价需求。但定量评价把丰富的个性心理发展和行为表现简单化为抽象的分数表征与数量计算，有时会忽略那些难以量化的重要品质。常见的定量评价方法有问卷调查法、量表分析法等。

1)问卷调查法。问卷调查法指通过设计和发放调查问卷,有目的、有计划、系统地收集有关教学的信息与资料的方法。问卷调查法常常以书面提出问题,通过被评价者作答的方式进行。问卷调查法能够对所得的信息进行定量分析。在教学评价中,评价者可以采用问卷的方式向培训讲师了解其对教育教学和管理工作的看法,或者向学员了解其对培训讲师教学工作的意见等。问卷调查法的优点是:高灵活性,取样不受太多条件限制;高效性,节省时间、经费和人力;可量化,问卷调查结果便于统计处理与分析。现在有大量的统计分析软件可以帮助我们进行数据分析,有些甚至能直接帮助我们设计问卷,方便实施和分析,也方便进行数据挖掘。问卷调查法的主要局限是:如果问卷回收率低,会影响其代表性;有可能出现被调查者敷衍作答的现象,影响调查的准确性。

2)量表分析法。问卷和量表都是评价者用来收集信息的一种技术,但两者还是存在一定的差异。首先,在编制架构上,问卷的编制只要符合主题即可,即评价者只需要先将所要评价的主题厘清,并将所要了解的问题罗列出来,依序编排,而量表的编制通常需要理论依据,即要根据已有的相关理论来决定量表编制的架构。其次,量表及其各分量表的指标都要有明确的定义。再次,量表是根据各指标来记分,而问卷是以各题为单位来计次。最后,在统计分析的方法上也有所不同。

第三节 培训讲师教学评价的内容与方式

在家政培训过程中,培训讲师起主导作用,通过对培训讲师的科学评价,一方面可以督促其了解自身在教学过程中的不足,进一步提高教学质量;另一方面可以提高培训讲师工作的积极性和创造性。培训讲师通过教学活动不仅能够教授学员知识,也能够通过师生相互交流、沟通、启发,达成共识,实现共享、共进,实现教学相长与共同发展的目标。

一、教学评价的内容

对培训讲师进行教学质量评价,一定要制定相应的教学评价标准。教学评价标准是根据一定的评价目的,对教学工作具体内容所做的规定。在实际操作过程中,人们倾向于将教学评价标准具体化为可操作的各级评价指标。

评价的基本内容包括教学内容、教学方法、教学态度、教学效果等,它们是影响课堂教学质量的关键因素。

1. 教学内容

教学内容主要考察培训讲师的教学目的是否明确，教学内容是否清晰、准确且具备系统性、逻辑性，教学重点是否突出。对于家政培训而言，更要考察其是否做到了理论联系实际。

对教学内容的评价主要包括两个方面。一是知识的讲解。一位合格的家政培训讲师，应能够紧密结合教学目标和教学大纲组织教学内容，注重与家政培训相关的基础理论、基本知识的传授，讲授内容清晰、准确，教学过程完整充实。当代的家政服务业已经完全不同于以往，市场需求的多样性导致家政服务也呈现出多样化发展态势，新兴业务与时代发展紧密相连，教学内容应该及时反映相关的新思想、新观念、新要求，尽量多地向学员提供各种前瞻性知识。二是技能的讲解。职业教育培训是有针对性面向实务岗位的培训，不仅需要讲授基本理论知识，更需要讲授专业技能。家政培训讲师应该结合不同岗位进行有针对性的技能知识的讲解，如针对养老陪护，需要在讲授养老基本知识的基础上，对疾病防护、康复护理、急救、心理护理、卧床病人护理等做技术操作方面的实操培训；针对母婴护理方面，除了要讲授母婴基本保健常识，还要有针对性地讲解母乳喂养、产后恢复、婴幼儿营养配餐、育婴早教等技能。

2. 教学方法

教学方法主要考察培训讲师教学方法是否灵活、是否因材施教，是否注重学员能力和素质的培养。教学方法是完成教学任务的重要途径，也是促进学员掌握和理解知识、提高技能和素质的保证。家政培训中，可以多采用案例教学和情境模拟的教学方法。

3. 教学态度

教学态度主要考察培训讲师的师德修养和治学作风。在教学中，教学态度往往和培训讲师的价值观相联系。培训讲师不仅要注重课堂上的"传道、授业、解惑"，更要领会"身教胜于言教"的道理。培训讲师喜欢什么、讨厌什么、提倡什么、反对什么，常常会通过自己的一言一行不知不觉地传递给学员。所以培训讲师必须有正确的人生观、世界观、价值观，要通过树立、维护和提高自己的形象、品格，强化课程思政。

4. 教学效果

教学效果主要考察能否使学员掌握该课程的基本内容，学员是否有兴趣，是否有收获。评价教学效果的目的是帮助培训讲师了解教学目标的达成度，在此基础上总结教学经验，提高教学质量。检查教学效果的方法有很多，如考查、考试、考核等。

综上，培训讲师教学评价量表设计参考见表6-2。

表6-2　　　　　　　　　　培训讲师教学评价量表

一级指标	二级指标	评价等级				
		很好	好	一般	较差	很差
教学内容	基本概念和原理讲解清楚					
	技能传授系统化，重点突出					
	理论联系实际，且注重实际应用					
	内容丰富，注重新知识的引进					
教学方法	讲解思路清楚，操作规范					
	操作练习的量和难度适中					
	讲解和演示正确，示范标准					
	注重课堂互动，根据个体差异分别指导					
教学态度	准备充分，操作、演示、讲解熟悉					
	言行得体					
	尊重学员，课堂管理严格					
	实践辅导认真，实践报告批改认真					
教学效果	学员感兴趣，到课率高					
	理论知识得到巩固，动手能力得到提升					
总体评价						

二、教学评价的方式

1. 培训讲师自评

培训讲师依据评价量表，对自己的教育教学工作做出评价，自觉地认识自己的优势与不足，确定改进目标，这本身就是一个批判反思的过程，更是一个自我教育、自我改进、自我提高的过程。但由于自身的认知局限，培训讲师自评在一定程度上会带有主观色彩。

2. 学员评价

学员依据评价量表对培训讲师的教学进行评价。评价前应让学员了解评价目的、内容、过程，要信任学员，鼓励学员讲真话、实话。要注意个别学员对不同培训讲师的不同接纳程度，可以大多数学员的意见为准。学员评价除使用评价量表外，还可以应用问卷调查、学员周记、个别征求意见、师生对话等方式进行。

3. 同行专家或领导评价

同行专家评价除采用量表评价方式进行外，还可以应用教学研讨等交流方式。同行互评应持真诚态度，用发展的眼光看待，形成团结氛围，促进共同成长。

领导评价通常采用课堂观察、面谈、座谈等方式进行，也可以采用量表评价的方法。领导评价时要注意营造和谐、民主的氛围，关注培训讲师个体差异和工作特点，体现关怀，注重发现培训讲师的闪光点和进步，目的是帮助培训讲师树立自信心，实现自我发展。

第四节　学员学业评价的目的、内容、方式及经典模型

学员学业评价可用以衡量学员学业质量，也是衡量培训质量的核心标准。学员的学业评价是培训教学过程中的重要环节，评价的结果不仅可以促进培训讲师教学水平的提升，也对督促学员学习、检查学习结果起着重要的导向作用。

一、学业评价的目的

1. 诊断学习效果

学业评价能判断学员是否实现了培训课程确定的各项目标，可对学员在知识掌握和能力发展上的程度做出区分，有助于判断培训课程的效果。当然，学业评价不能仅以评价学员的学习成果为目的，更重要的是尊重和体现学员的个体差异，更好地促进学员学习和发展。

2. 反馈学习问题

通过学业评价，学员获得反馈信息，可以认识到自身在学习上存在的问题与不足，

加深对当前学习状况的了解，确定适合自己的学习目标，及时调整自己的学习方法，明确下一阶段的努力方向。

3. 提升学习动力

学业评价可以帮助学员认识到自己在总体中的相对地位，了解自己的优势和劣势，看到差距，客观上能提升学员学习的动力。同时，也能够促进学员的自我反思，使其学会独立地评价自己的学习方法和结果，在借鉴学习其他学员学习方法的基础上不断改进自己的学习方法，激发学员努力实现自身的价值。

二、学业评价的内容

学员学业评价主要检查培训过程中学员的学习态度、知识和技能的接受与更新能力，主要包括学习态度、课堂表现和学习结果三个指标。

1. 学习态度

学习态度主要包括纪律性、积极性、责任心、协作性、团队意识等，是对学员的一项综合考评。一个人对某项事情的看法不一样，自然采取的行动也不一样，这背后其实体现了一个人的价值观。如果一个人对待培训的态度不端正，行为动机不强，也必然影响培训效果。

2. 课堂表现

家政培训主要通过课堂教学完成，所以学员的课堂表现是学业评价非常重要的组成部分，也是一项过程性考核。家政从业人员要注重实际操作能力，所以课堂表现不仅要看能否认真听讲，能否积极参与讨论，能否大胆尝试并表达自己的想法，是否善于与他人合作，更要看学员是否具有理论联系实际并进行实践操作的能力。

3. 学习结果

学习结果评价的内容主要包括学员对基本理论知识、相关技能掌握的情况，以及其今后进一步学习的动力及能力等。

上述学习态度、课堂表现、学习结果三个指标构成了学业评价的主要内容，学员学业评价量表设计参考见表6-3。

表 6-3　　　　　　　　　　　学员学业评价量表

一级指标	二级指标	评价等级				
		很好	好	一般	较差	很差
学习态度	遵守课堂纪律，不无故缺席					
	积极主动参加培训的各项活动					
课堂表现	认真听课，积极发言，有自己的见解					
	善于与人合作，虚心听取别人的意见					
	认真完成课堂展示或作业，完成质量高					
学习结果	系统掌握基本理论知识					
	系统掌握相关技能，很好地完成实践操作任务					
	有进一步学习的热情，掌握一定的学习方法					
总体评价						

三、学业评价的方式

1. 课堂练习

课堂练习是家政培训过程性评价常采用的方式，是检验学习效果的重要一环。主要考察学员对课程中所涉及的基本概念、基本原理的理解和掌握程度，以及将课程中的基本知识转化成对实际问题进行分析的能力。

2. 课程测验

课程测验是了解学员认知目标达标程度的最常用工具，它要求学员在规定的时间内完成一定量的任务，是进行学业评价的主要工具之一。

3. 作品展示

作品展示即学员根据所学的知识，针对某一主题独立完成任务并以成果（如 PPT、解决方案、研究报告、网页等）的形式来展示自己的学习所得。对于家政培训，作品展示是一种比较实用的评价方式，虽然评价标准有差异，但能够直观反映出学习者的学习水平。例如，以家庭养老护理为主题的作品，学员可以通过查阅相关资料，通过团队合作方式，展示自己在养老护理某一领域的见解或者解决方案。

4. 调查评价

可通过问卷调查的方式了解学员的学习兴趣和态度、学习习惯、学习意向，了解其对教学过程和教学效果的意见，为改进教学方法或增删学习资源提供依据。也可以采用量表评价法，进行学员自评、培训讲师评价或师生互评，对学员的学习情况做定量分析。

四、学业长期评价的经典模型

前面所谈到的教学评价和学业评价主要是对短期培训效果的评价，但培训教育更是一种理念和思想的教育，所以除注重培训的短期阶段性评价外，还应该注重评价培训效果的延续性。尤其应该认识到，家政培训是赋予学员从事家政这一工作所需能力的教育，其学业评价必须考虑技能人才的未来发展性目标和职业规范的要求。所以，在条件允许的情况下，应在短期评价的基础上，对培训效果进行长期的跟踪评价。在学业长期评价方面，国际著名的"柯氏四级评估"是应用最为成熟与广泛的方法之一，家政培训的学业评价可以从中找到一些启发。

柯氏四级评估模型也叫四级培训评估模型，由唐·柯克帕特里克提出。四级评估是指从四个级别上来评价培训的价值，这四个级别分别是：反应（第一级）、学习（第二级）、行为（第三级）和结果（第四级）。柯氏四级评估模型见表6-4。

表6-4　　　　　　　　　　柯氏四级评估模型

评估级别	主要内容	可以询问的问题	衡量方法
第一级评估：反应	观察学员的反应	学员是否喜欢该培训课程 课程对学员是否有用 对培训讲师及培训设施等有何意见 课堂反应是否积极	问卷、评估调查表填写、评估访谈
第二级评估：学习	检查学员的学习成果	学员在培训项目中学到了什么 培训前后，受训者的知识、理论、技能有多大程度的提高	评估调查表填写、笔试、绩效考核、案例研究
第三级评估：行为	衡量培训前后的工作表现	学员在学习上是否有改善行为 学员在工作中是否用到了培训内容	绩效考核、测试、观察绩效记录
第四级评估：结果	衡量公司经营业绩的变化	行为的改变对组织的影响是否积极 组织是否因为培训而经营得更好	考察事故率、工作动力、市场扩展率、客户关系维护等

1. 反应（第一级评估）

反应指的是学员对于培训的满意度，包括对讲师、培训科目、设施、方法、内容、自己收获的大小等方面的看法。这一级评估通常在培训结束时进行。在培训结束时，向学员发放满意度调查表，收集学员关于培训的反应和感受的相关信息。这个层次的评估可以作为改进培训内容、培训方式、教学进度等方面的参考或综合评估的参考，但不能作为评估结果。

2. 学习（第二级评估）

学习评估是指学员参加培训后，能够在多大程度上实现态度转变、知识扩充或技能提升等效果，简单来说就是评价学习效果，即回答一个问题：学员在培训项目中学到了什么？学习评估是目前最常见，也是最常用到的一种学业评价方式。可以采用书面考试、操作测试等方法来了解受训人员在培训前后，知识与技能的掌握方面有多大程度的提高。

3. 行为（第三级评估）

行为评估是指学员参加培训后，能够在多大程度上实现行为的转变。这一级别的评估要确定学员在多大程度上通过培训发生了行为上的改进，即回答一个问题：学员在工作中使用了他们所学到的知识、技能了吗？可以对学员进行正式的测评或非正式的测评，如由学员的上级、同事、下属或者客户观察学员的行为在培训前后是否发生了变化，是否在工作中运用了培训中学到的知识、技能。尽管这一阶段的评估数据较难获得，但行为层面的评估是考查培训效果的最重要的指标。只有学员真正将所学的知识、技能应用到工作中，才能达到培训的目的。

4. 结果（第四级评估）

第四级评估可以看作是第三级行为转变的衍生物，即判断培训是否能给企业的经营带来具体而直接的贡献，这一层次的评估上升到了组织的高度。第四级评估可以通过一系列指标来衡量，如事故率、员工离职率、员工士气及客户满意度等。通过对这些指标的分析，管理层能够了解培训所带来的收益。

以上所述评估的四个级别，实施起来从易到难，费用消耗从低到高。四级评估中的每一级评估都有必要，尤其第三、第四级的评估，真正体现了职业教育的最高宗旨，因此对职业培训更具有参考价值。但第三、第四级评估需要在企业和劳动市场中了解职业教育对学习者发展的促进作用，经费和时间花费较大，操作起来较困难。鉴于此，具体评估到第几个级别，应根据培训的重要性决定。